Varun Narayan Mishra

Mapowanie obszaru pokrycia śnieżnego

Varun Narayan Mishra

Mapowanie obszaru pokrycia śnieżnego

Wykorzystanie wieloczujnikowych danych satelitarnych

Wydawnictwo Bezkresy Wiedzy

Imprint

Cover image: www.ingimage.com

Publisher:
Wydawnictwo Bezkresy Wiedzy
is a trademark of
International Book Market Service Ltd., member of OmniScriptum Publishing Group
17 Meldrum Street, Beau Bassin 71504, Mauritius

Printed at: see last page
ISBN: 978-620-0-81247-6

POTWIERDZENIE

Przede wszystkim chcielibyśmy złożyć pokłon Wszechmogącemu Bogu za utrzymanie nas w dobrym stanie zdrowia i zmysłów podczas przygotowywania tej książki. Autorzy pragną wyrazić swoją szczerą wdzięczność Sh. Ashwagosha Ganju, dyrektorowi, Snow and Avalanche Study Establishment (SASE), RDC, DRDO, Chandigarh za zapewnienie niezbędnych urządzeń laboratoryjnych, danych i środowiska do prowadzenia tych prac badawczych.

Pierwszy z autorów wyraża wdzięczność Hon'ble Sunil Sharma, prezesowi Uniwersytetu Suresh Gyan Vihar w Jaipurze za inspirację podczas przygotowywania tej książki. Pierwszy autor chciałby wyrazić szczerą i wdzięczną Hon'ble Dr Sudhanshu, Główny Mentor Uniwersytetu Suresh Gyan Vihar, Jaipur za jego wskazówki i stałą zachętę. Pierwszy autor chciałby również wyrazić głęboką wdzięczność dla Dr. Suraj Kumar Singh, Associate Professor, Centre for Sustainable Development, Suresh Gyan Vihar University, Jaipur za jego czas do czasu wskazówki i motywację.

Podziękowania należą się również panu Praveenowi Mishrze (Kierownikowi Projektu, ATPL), panu Himanshu Pahava, panu Harpreetowi Singhowi i panu Satishowi Kumarowi za konsekwentne prowadzenie i wsparcie podczas całej tej pracy. Autorzy pragną wyrazić szczere uznanie dla wszystkich przyjaciół i współpracowników za ich nieustanne wsparcie i cenne rady udzielane na wszystkich etapach tej pracy.

Spis treści

PREFACE

Pokrywa śnieżna jest istotną zmienną geofizyczną, która wpływa na klimat, pogodę i systemy hydrologiczne w skali od lokalnej do globalnej. Śnieg, z hydrologicznego punktu widzenia, jest głównym źródłem zaopatrzenia w słodką wodę dla wielu regionów świata. Brak informacji o pokrywie śnieżnej jest jednym z najbardziej krytycznych wyzwań dla oceny i prognozowania zasobów wodnych w zlewniach, w których opady śniegu są istotnym źródłem opadów. Mapowanie i monitorowanie sezonowej pokrywy śnieżnej przy użyciu tradycyjnych metod badań terenowych jest zazwyczaj bardzo trudne w regionie Himalajów. Pojawienie się kosmicznych technik teledetekcji, których zaletą jest synoptyczne i powtarzalne pokrycie śniegiem, przyciągnęło wiele uwagi w badaniach śniegu i lodowców. Śnieg, jako materia termodynamicznie niestabilna, sezonowa pokrywa śnieżna jest podatna na gwałtowne zmiany. Badanie tych zmian ma ogromne znaczenie dla oceny dostępności wody w rzekach północnoindyjskich i potencjalnych stref zagrożenia lawinowego.

Obrazy uzyskane za pomocą teledetekcji z wielu czujników mogą mieć różny potencjał do mapowania pokrywy śnieżnej. Obrazy optyczne wykazują właściwości przestrzenne, spektralne, radiometryczne i czasowe, natomiast obrazy SAR posiadają unikalne cechy opcji polaryzacji (HH, HV, VV i VH). Informacje spektralne w połączeniu z rozdzielczością przestrzenną i czasową sprawiają, że obraz optyczny jest dobrze przystosowany i skuteczny do operacyjnego mapowania pokrywy śnieżnej i monitorowania w różnych skalach obserwacyjnych. Obraz z syntetycznego radaru z przysłoną (SAR), z możliwością obrazowania przy każdej pogodzie, w dzień i w nocy, jest korzystny dla mapowania i monitorowania pokrywy śnieżnej. Obserwacja śniegu za pomocą czujników SAR o różnych częstotliwościach i polaryzacjach jest wrażliwa na wahania wilgotności na powierzchni i pozwala zrozumieć jego reakcję na rozpraszanie wsteczne w różnych stanach fizycznych. Celem przedstawionej tu tezy jest: (1) określenie głównych cech pokrywy śnieżnej, w których nacisk kładzie się na rodzaje śniegu, dyskryminację śniegu w stosunku do chmur, (2) mapowanie powierzchniowego zasięgu pokrywy śnieżnej z wykorzystaniem danych pochodzących z teledetekcji wielosensorowej oraz (3) przeprowadzenie fuzji danych pochodzących z wielu czujników.

Opracowano kilka badań, które zostały wykorzystane do klasyfikacji i mapowania pokrywy śnieżnej w regionie Himalajów z wykorzystaniem wieloczujnikowych optycznych danych teledetekcyjnych. Jednak częste zachmurzenie i cień wprowadzają wiele przeszkód w analizie pokrywy śnieżnej. Czujniki SAR dostarczają dodatkowych informacji, które mogą być wykorzystane do poprawy dokładności mapowania pokrywy śnieżnej. Aktualne, dokładne i wiarygodne informacje dostarczane przez technologie teledetekcji mogą być skutecznie wykorzystywane do mapowania i monitorowania pokrywy śnieżnej. Dane z wieloczujnikowego teledetekcji, a mianowicie dane z indyjskiego satelity teledetekcyjnego (IRS) - autoskanera III (LISS-III), autoskanera IV (LISS-IV), zaawansowanego czujnika szerokiego pola (AWiFS) i zaawansowanego radaru z syntezą otworową (ASAR) ENVISAT zostały pozyskane dla części dystryktu Manali w Himachal Pradesh w Indiach.

Teza rozpoczyna się od krótkiego przedstawienia śniegu i jego właściwości optycznych, fuzji danych, celów i zadań, obszaru badań i wykorzystywanych danych. W drugim rozdziale omówiono aktualny stan wiedzy na temat mapowania pokrywy śnieżnej i fuzji danych. W rozdziale trzecim omówiono szczegółowe metodologie przyjęte w niniejszym opracowaniu. Pasmo krótkiej fali podczerwieni (SWIR) jest korzystne dla rozróżnienia chmur i śniegu, a tym samym pomaga w mapowaniu przestrzennego rozkładu pokrywy śnieżnej. Do mapowania pokrywy śnieżnej wykorzystano wartości progowe wskaźnika śniegu znormalizowanej różnicy zdań (NDSI), który pochodzi z pasm NIR i SWIR. Obrazy SAR były korygowane geometrycznie w celu usunięcia zniekształceń rzeźby terenu i uzyskania produktów geokodowania terenu skorygowanego (GTC). Współczynniki rozpraszania wstecznego (Beta, Sigma i Gamma nought) były zazwyczaj obliczane przy użyciu nominalnej wartości lokalnego kąta padania dzięki uproszczonej geometrii elipsoidalnej. W celu uzyskania obrazu radiometrycznej korekcji terenu (RTC) zastosowano bardziej rygorystyczne podejście polegające na modelowaniu współczynników rozpraszania wstecznego znormalizowanych dla lokalnego oświetlonego obszaru. Przeprowadzono również synergiczne scalanie danych z różnych czujników (optycznych i SAR) w celu zapewnienia lepszej informacji i dodatkowej rozdzielczości przestrzennej dla lepszej dyskryminacji różnych rodzajów śniegu. W pracy wykorzystano dwie metody fuzji, a mianowicie analizę składników głównych (PCA) i transformacje Ehlerów. W rozdziale czwartym przedstawiono i omówiono wyniki tego badania. W rozdziale piątym zaprezentowano wyniki tego badania oraz przyszły zakres prac.

ROZDZIAŁ 1

WPROWADZENIE

1.1 Tło

Śnieg jest ważną, choć bardzo zmienną, cechą powierzchni ziemi. Jego obecność wpływa na procesy fizyczne, chemiczne i biologiczne układu ziemskiego. Wpływa również na ekonomiczne i społeczne scenariusze danego obszaru. Wysoki albedo śniegu w połączeniu z jego dużą ilością z powietrza prowadzi do silnej kontroli nad budżetem radiacyjnym Ziemi. Śnieg roztopowy jest ważnym zasobem wodnym w wielu regionach na całym świecie. Obfite opady śniegu pod koniec sezonu mogą powodować katastrofalne powodzie. Himalaje, najdłuższy łańcuch gór na świecie, ilustrują złożone zróżnicowanie śniegu i warunków meteorologicznych. Lodowce i pola pokryte śniegiem istnieją zazwyczaj w odległych i niedostępnych regionach. Gromadzenie danych w regularnych odstępach czasu jest dość trudne i niebezpieczne. W związku z tym gromadzenie danych dotyczących śniegu jest niezwykle trudne, a dane punktowe nie są reprezentatywne dla całego obszaru. Trudno jest uzyskać powtarzające się informacje o pokrywie śnieżnej z rozległych regionów Himalajów, które znajdują się na dużych wysokościach, są wytrzymałe i niedostępne przy użyciu konwencjonalnych technik naziemnych (załogowe obserwatoria śniegowo-meteorologiczne).

Satelitarna obserwacja ziemi została udowodniona jako atrakcyjna ścieżka pozyskiwania w czasie rzeczywistym, całorocznego i dużego pokrycia przestrzennego dla monitoringu i badań procesów na rozległych, wytrzymałych i odległych miejscach (Koenig i in., 2001; Lambin i in., 2001; Foody 2003; Verburg i in., 2009). Dane z obserwacji Ziemi uzyskane w średnich rozdzielczościach przestrzennych z różnych czujników, np. Landsat MSS, TM, ETM+, były szeroko wykorzystywane do mapowania obszarów pokrytych śniegiem nad zlewniami (Dozier i in., 1981; Rango i Martinec 1982; Dozier 1989; Bahuguna 2007; Cogley 2010). Te zbiory danych są niezbędne do zrozumienia funkcjonowania Ziemi jako systemu (Lambin i in., 2001; Turner i Billie 2002). Te średniej rozdzielczości czujniki do operacyjnego monitorowania pokrywy śnieżnej; napotykają na pewne problemy, np. odpowiednią rozdzielczość czasową, rozdzielczość spektralną, rozdzielczość radiometryczną i pokos. Czujniki satelitarne, takie jak Landsat-MSS,

TM i IRS-LISS III, niestety stały się nasycone śniegiem ze względu na jego wysoką zawartość reflectance w większości ich regionów spektralnych. Dostępność danych z czujnika AWiFS na pokładzie IRS-P6 ułatwiła przezwyciężenie problemu nasycenia dzięki ich wysokiej rozdzielczości radiometrycznej. Pomógł on również w skutecznym monitorowaniu dużych obszarów pokrytych śniegiem ze względu na wysoką rozdzielczość czasową i szerokie pokrycie pokosu (Kulkarni i in., 2006).

Praktyki mapowania opierały się głównie na konwencjonalnych technikach obejmujących ręczne wyznaczanie granic pokrywy śnieżnej, segmentację obrazów proporcji oraz twardą lub wyraźną klasyfikację. Do oszacowania powierzchni pokrytej śniegiem wykorzystano również inne sposoby, takie jak interpretacja wizualna, metody hybrydowe (wizualna i nadzorowana klasyfikacja) (Kulkarni i in., 2005; Kulkarni i in., 2007). Głównymi problemami w mapowaniu i monitorowaniu pokrywy śnieżnej są jednak cień górski i mylące sygnatury śniegu i chmury w regionie widocznym i bliskim podczerwieni. Wprowadzono metody wskaźnika/indeksu reflectance, ponieważ mogą one usuwać skutki błędów radiometrycznych w czujnikach i przypadkowych zmian w napromieniowaniu sceny spowodowanych zmieniającymi się efektami w atmosferze i zmianami topograficznymi w całej scenie (Slater 1980).

Wskaźnik śniegu znormalizowanej różnicy (NDSI) jest podobny do wskaźnika roślinności znormalizowanej różnicy (NDVI) (Tucker 1979; Townshend i Tucker 1984) i jest przydatny do identyfikacji śniegu/lodu i odróżniania od większości chmur cumulus. NDSI jest zwykle używany do mapowania i monitorowania pokrywy śnieżnej przy użyciu danych satelitarnych (Hall i in., 2002, Kulkarni i in., 2002, 2006; Negi i in., 2009). NDSI wykorzystuje wysoką i niską pokrywę śnieżną reflectance odpowiednio w widocznych (zielona) i krótkofalowych podczerwieni (SWIR) regionach widma elektromagnetycznego. Może również wyznaczać i mapować śnieg w cieniach gór (Kulkarni i in., 2002). Zaletą jest powtarzalność pokrycia, ponieważ obszar pokryty śniegiem ma bardzo dynamiczny charakter. Pojawienie się satelitów wielospektralnych, multi-temporalnych i wieloczujnikowych otworzyło możliwość pozyskiwania danych w takich rejonach. Śnieg wykazuje wysoką refleksyjność w widzialnym obszarze widma elektromagnetycznego, co umożliwia rozróżnienie za pomocą obrazu optycznego. Jednak częste zachmurzenia i cienie górskie stanowią kilka przeszkód w analizie pokrywy śnieżnej. Ograniczenie to można w dużej mierze pokonać wykorzystując wszystkie możliwości obrazowania pogody, dnia i nocy przez czujniki SAR.

1.2 Nasycenie czujników

Nasycenie czujnika występuje wtedy, gdy obserwowana energia odbita od powierzchni jest większa niż maksymalna możliwa energia zarejestrowana przez czujnik. Może to powodować utratę szczegółowości wzoru śniegu i wpływać na oszacowania albedo. Czasami informacja o nasyceniu może być przydatna do mapowania śniegu. W przypadku śniegu, czujniki LISS-III satelitów IRS-1C i 1D, pasma Zielony, Czerwony i SWIR są w pełni nasycone, natomiast NIR jest najmniej nasycony. Tak więc w tym opracowaniu, pasmo NIR zostało wybrane specjalnie do klasyfikacji pokrywy śnieżnej. Wartości Lmax i Lmin dla czujnika LISS-III zostały przedstawione w tabeli 1.1.

Tabela 1.1: Maksymalne i minimalne promieniowanie dla czujnika IRS IC/ID LISS-III

Szerokość pasma	Promieniowanie LISS-III (IRS-1C)		Promieniowanie LISS-III (IRS-1D)	
	Lmax (mw/cm2/sr/μm)	Lmin (mw/cm2/sr/μm)	Lmax (mw/cm2/sr/μm)	Lmin (mw/cm2/sr/μm)
0.52-0.59μm	14.45	1.76	14.8005	0
0.62-0.68μm	17.03	1.54	15.6644	0
0.77-0.86μm	17.19	1.09	16.4523	0
1.55-1.70μm	2.42	0	2.4381	0

1.3 Śnieg i jego właściwości optyczne

Śnieg - mieszanina lodu, wody i powietrza, powstaje w wyniku krystalizacji cząsteczek lodu w atmosferze podczas opadów atmosferycznych. Lód jest formą kryształków i ziaren, które łączą się ze sobą, nadając wytrzymałość teksturze śniegu. Tekstura reprezentuje kształt, wielkość i strukturę wiązań ziaren śniegu. Trudno jest przypisać teksturze wartość liczbową. Śnieg można podzielić na drobne, średnie lub grube w zależności od jego wielkości ziaren. Zawartość wilgoci można podzielić na suchą, wilgotną i mokrą. Rozróżnienie między śniegiem, jodłą i lodem można stwierdzić, że śnieg jest materiałem, który od momentu opadnięcia uległ niewielkim zmianom. Materiał w pośrednich etapach transformacji między śniegiem a lodem nazywany jest jodłą. Jodła staje się lodem lodowcowym po odcięciu łączących się mas powietrza między ziarnami.

Występuje to zazwyczaj przy gęstości 0,80-0,85 gm/cc. Współczynnik odbicia widmowego śniegu zależy od liczby parametrów.

1.3.1 Zależność spektralna współczynnika odbicia światła od śniegu

Typową krzywą spektralnego współczynnika odbicia dla śniegu w pasmach widzialnym i NIR pokazano na rysunku 1.1 podanym przez O'Briena i Munisa (1975). Ogólny kształt krzywej reflektancji jest podobny dla prawie wszystkich rodzajów śniegu, ale względna wielkość różnych części krzywej jest różna w różnych warunkach. Najważniejszą optyczną właściwością lodu, która jest odpowiedzialna za zmienność spektralnego współczynnika odbicia śniegu, jest "współczynnik absorpcji" (urojona część współczynnika załamania światła). Różni się on o kilka rzędów wielkości na długościach fal od widocznych do NIR (Dozier i in., 1988). Normalnie współczynnik załamania światła jest wyrażony jako liczba złożona n+ik. Rysunek (a) i (b) pokazują zarówno rzeczywistą, jak i urojoną część współczynnika załamania dla lodu i wody (Dozier i in., 1988).

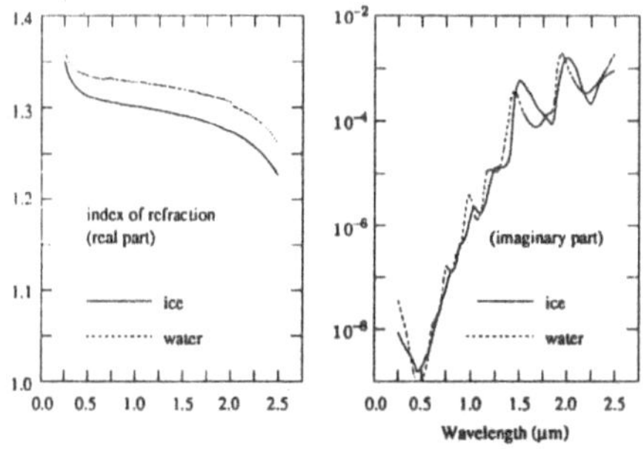

Rysunek 1.1: Rzeczywista i urojona część współczynnika załamania światła dla lodu i wody

1.3.2 Zależność od wielkości ziaren śniegu

Współczynnik odbicia widmowego śniegu dla promieni ziaren, od 50 μm do 1000 μm, reprezentujący najlepszy śnieg nowy do grubego śniegu wiosennego, przedstawiono na rysunku 1.2 (Dozier i in., 1988). Ponieważ wielkość ziaren na ogół zwiększa się wraz z wiekiem śniegu, z rysunku tego jasno wynika, że albedo spada na wszystkich długościach fal o większym promieniu ziaren. Redukcja albedo w widoku jest niewielka. Wzrost wielkości ziaren nie wpływa na współczynnik odbicia, ponieważ lód jest tak przezroczysty w widocznych długościach fal. Lód jest umiarkowanie chłonny w paśmie NIR. Dlatego odbicie jest wrażliwe na wielkość ziaren, a czułość jest największa przy 1,0µm i 1,3µm (Dozier i in., 1988). Dlatego też często obserwuje się spadek albedo z wiekiem ze względu na pasmo NIR. Dlatego też pomiar reflektancji śniegu w NIR pomaga oszacować efektywną wielkość ziaren śniegu (Kulkarni, 1986).

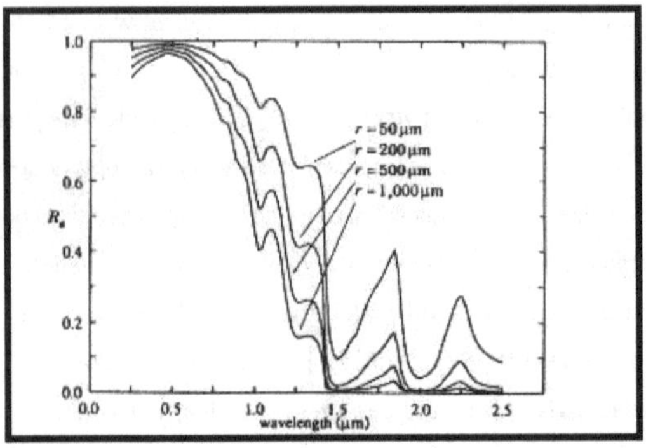

Rysunek 1.2: Krzywe przedstawiające zależność współczynnika odbicia od wielkości ziaren śniegu

1.3.3 Zależność od kąta zenitu słonecznego

Śnieg odbija się jak reflektor rozproszony na wyższej elewacji słonecznej. Jednak przy niskiej elewacji słonecznej zachowuje się jak reflektor zwierciadlany, a odbicie od śniegu jest maksymalne w kierunku do przodu (Dirmhirn i Eaton, 1975). Ponadto, element odblaskowy zwiększa się wraz ze wzrostem kąta zenitu słońca. Dlatego albedo zwiększa się na wszystkich długościach fal wraz ze wzrostem kąta zenitu, jak pokazano na rysunku 1.3 (Warren, 1982).

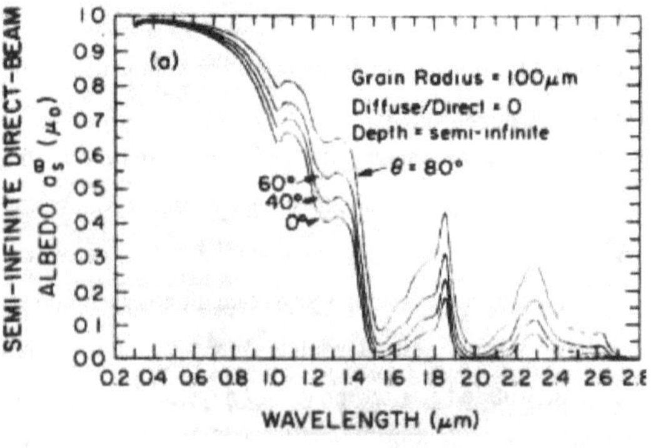

Rysunek 1.3: Krzywe przedstawiające zależność współczynnika odbicia od kąta zenitu słońca

1.3.4 Wpływ zawartości wody płynnej

Zawartość wody płynnej wpływa na śnieg albedo, jak pokazano na rysunku 1.4 (Wiscombe i Warren, 1980). Snow albedo zmniejsza się wraz ze wzrostem zawartości wody płynnej. Obecność płynnej wody w śniegu nie wpływa znacząco na współczynnik odbicia, z wyjątkiem stawów z wodą roztopową w zagłębieniach, gdzie topniejący śnieg pokrywa nieprzepuszczalne podłoże. Zawartość wody ciekłej w śniegu rzadko przekracza 5 lub 6 % (Dozier i in., 1981). Tak duża ilość wody nie zmienia właściwości promieniowania masowego, z wyjątkiem regionów o znacznie różnym współczynniku absorpcji wody ciekłej i lodu. Zamiast zmieniać współczynnik odbicia, który występuje w topniejącym śniegu, w dużej części wynika to ze zwiększonej wielkości krystalicznej. Efektywny wzrost wielkości jest spowodowany przez dwa do czterech skupisk ziaren, które tworzą się w mokrym, nienasyconym śniegu. Te pozorne zachowania optycznie jako pojedyncze ziarna spowodowały spadek współczynnika odbicia NIR. Ciekła woda zastępuje powietrze pomiędzy ziarnami lodu, co powoduje wzrost efektywnego promienia ziaren. W ten sposób płynna woda redukuje śnieg albedo tylko poprzez zwiększenie efektywnej wielkości ziaren (Wiscombe i Warren, 1980). Ponadto, zmiana efektywnej wielkości ziaren poprzez samą ich obecność; płynna woda również przyspiesza tempo wzrostu ziaren. Wyjaśnia to, dlaczego tylko krótka ekspozycja na warunki topnienia może znacznie zredukować albedo.

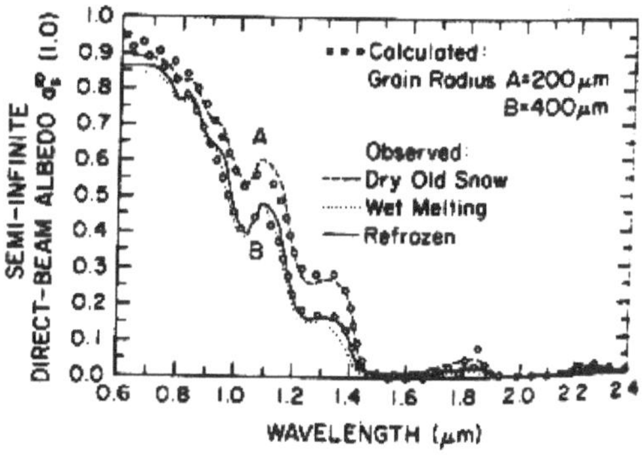

Rysunek 1.4: Zależność współczynnika odbicia od zawartości wody w cieczy

1.3.5 Skutki zanieczyszczenia

Obecność wysoko chłonących cząstek w mniejszej ilości tylko 1 ppmw (części na milion wagowo) lub mniej, może obniżyć albedo śniegu w widocznym regionie o 5-15 % od wysokich wartości (96-99 %) przewidywanych dla czystego śniegu (Wiscombe i Warren, 1980).

Cząsteczki te nie mają jednak żadnego wpływu na śnieg albedo powyżej 0,9 μm długości fali, gdzie sam lód zamienia się w silny absorber (Wiscombe i Warren, 1980; Kulkarni i Dhanju, 1987). Z rysunku 1.5 (a, b i c) wynika, że wpływ stężenia sadzy jest znacznie większy na albedo starego topniejącego śniegu (r = 1000μm) niż na nowy śnieg (r = 100μm).

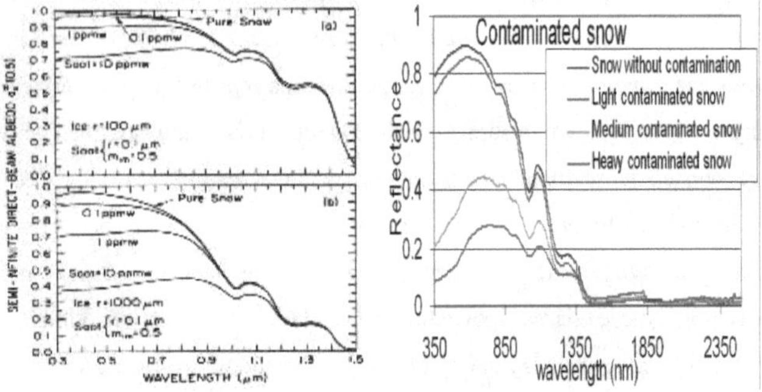

Rysunek 1.5: Skutki zanieczyszczenia

1.4 Teledetekcja mikrofalowa

Mikrofale są w stanie przeniknąć do atmosfery w każdych warunkach, takich jak mgła, lekki deszcz, chmury, dym i śnieg ze względu na większą długość fali. Fale mikrofalowe nie są podatne na rozpraszanie atmosferyczne, które ma wpływ na regiony o krótszej długości fali optycznej. Mikrofalowy system zdalnego wykrywania obejmuje zarówno czujniki pasywne, jak i aktywne. Pasywny czujnik mikrofalowy wykrywa naturalnie emitowaną energię mikrofalową. Energia ta jest połączona z charakterystyką temperatury i wilgotności emitowanego obiektu lub powierzchni. Rejestruje ona bardzo niskie natężenie promieniowania emitowanego przez Ziemię. Więc te obrazy mają niską rozdzielczość przestrzenną. Pasywne czujniki mikrofalowe są szeroko stosowane w meteorologii, hydrologii i oceanografii. Aktywne czujniki mikrofalowe są zazwyczaj podzielone na dwie kategorie: obrazowe i nieobrazowe. Radar jest powszechną formą obrazowania aktywnych czujników mikrofalowych. Aktywne czujniki mikrofalowe działają zarówno w dzień jak i w nocy. Ze względu na tę unikalną zdolność dane mikrofalowe są bardzo użyteczne ponad danymi optycznymi. Kiedy mikrofale uderzają w powierzchnię, są odbijane zgodnie z fizycznymi i elektrycznymi właściwościami powierzchni, a nie składem chemicznym.

Istnieją dwa rodzaje czujników, które generują obrazy radarowe: SLAR (Side-Looking

Airborne Radar) wykorzystuje antenę, która jest przymocowana poniżej statku powietrznego i skierowana w bok, aby nadawać i odbierać sygnał radarowy, a SAR (Synthetic Aperture Radar) wykorzystuje boczną, stałą antenę do tworzenia syntetycznej przysłony. Czujniki SAR są montowane na satelicie, który nadaje i odbiera sygnał backscatter, jak to jest w ruchu. Sygnały odbierane w określonych odstępach czasu są łączone w celu utworzenia obrazu. Mikrofale emitowane przez aktywne czujniki poruszają się w fazie i skromnie oddziałują z obszarem docelowym. Fale te nie są już w fazie ze względu na swoją interakcję z obszarem docelowym. Wynika to z różnej odległości, jaką pokonują one od różnych celów, lub z rozpraszania pojedynczych i wielokrotnych odbić.

Tabela 1.2: Oznaczenie pasma, długość fali i zakresy częstotliwości dla radarów

Zespoły	Długość fali (cm)	Zakres częstotliwości (GHz)
Ka	0.71-1.1	26.5-40.0
K	1.1-1.67	18.0-26.5
Ku	1.67-2.4	12.5-18.0
X	2.4-3.75	8.0-12.5
C	3.75-7.5	4.0-8.0
S	7.5-15.0	2.0-4.0
L	15.0-30.0	1.0-2.0
P	30.0-100.0	0.3-1.0

1.5 Aktywne mikrofalowe czujniki do wykrywania śniegu i lodu

Obrazy SAR są bardzo przydatne do badania właściwości śniegu i lodu oraz jego zasięgu powietrznego. Posiada unikalną zdolność do pozyskiwania obrazu poprzez ciemność, cienie i zachmurzenie. Sygnał SAR przenika również przez powierzchnię lodu i dostarcza informacji o jego wewnętrznej strukturze. Śnieg jest ważnym składnikiem bilansu energetycznego Ziemi i głównym źródłem zaopatrzenia w wodę na wielu obszarach. Ma niską przewodność właściwą i działa jako skuteczny izolator.

Śnieg jest mieszaniną lodu i powietrza stała dielektryczna lodu wynosi 3,17 a powietrza 1,0 ± 0,07 dla częstotliwości od 1 MHz do znacznie powyżej obszaru mikrofalowego. Stała dielektryczna i gęstość śniegu wynoszą odpowiednio 1,2-2,0 i 0,1-0,5 g/cm3. Stała dielektryczna jest głównie funkcją częstotliwości, wilgotności śniegu, temperatury i gęstości. Właściwości dielektryczne śniegu i gleby zależą na ogół od ilości wody płynnej w materiale (tj. zamarzniętej/niezmarzniętej). Woda będzie pochłaniać promieniowanie mikrofalowe, a śnieg lub gleba w stanie zamarzniętym pozwolą na przeniknięcie sygnału radarowego. Właściwości dielektryczne śniegu przy danej częstotliwości mikrofalowej zależą na ogół od względnego udziału objętościowego wody płynnej i stałej w śniegu. Nawet przy temperaturach < 0°C, woda w postaci ciekłej wychodzi w otoczeniu cienkich warstw i wiąże się z kryształami lodu oraz powoduje absorpcję sygnału radarowego. Śnieg, który zawiera dużą ilość płynnej wody, wykazuje wysoką stałą dielektryczną (>35 poniżej 20 GHz) w stosunku do suchego śniegu. Współczynnik rozpraszania wstecznego ($\sigma°$) powierzchni pokrytej śniegiem, oświetlonej przez źródło mikrofal, zależy zarówno od fizycznych właściwości pokrywy śnieżnej, np. uziarnienia, gęstości, zawartości wody płynnej, głębokości, chropowatości powierzchni, jak i warunków gruntowych. W przypadku terenu pokrytego suchym śniegiem, mały współczynnik absorpcji pozwala na penetrację/rozrzucenie mikrofali na duże odległości w pokrywie śnieżnej, co generuje rozproszenie objętości z pokrywy śnieżnej. W mokrym śniegu mikrofale są absorbowane w warstwie wierzchniej. Powoduje to zmianę mechanizmu rozpraszania z rozpraszania objętości na rozpraszanie powierzchniowe. W ten sposób rozpraszanie jest ograniczone do kilku centymetrowej warstwy plecaka.

Ogólnie rzecz biorąc, rozpryskiwanie się pleców od pokrytego śniegiem terenu jest opisane za pomocą czterech elementów, jak pokazano na rysunku 1.6. Względny udział każdego z tych elementów w całkowitym rozpraszaniu się pleców zależy od fizycznych właściwości pokrywy śnieżnej. W przypadku suchego pokrowca śniegowego, ze względu na niski kontrast dielektryczny, zwykle ignoruje się terminy interfejsu powietrzno-śniegowego σ0sa i interakcji σ0vs (wielokrotnego rozpraszania) między interfejsem śnieg-ziemia a objętością śniegu (Ulaby i in., 1981).

$$\sigma^0_{pack}(\theta) = \sigma^0_{sa}(\theta) + \sigma^0_{v}(\theta') + \sigma^0_{vs}(\theta') + \sigma^0_{s}(\theta') \quad (1.1)$$

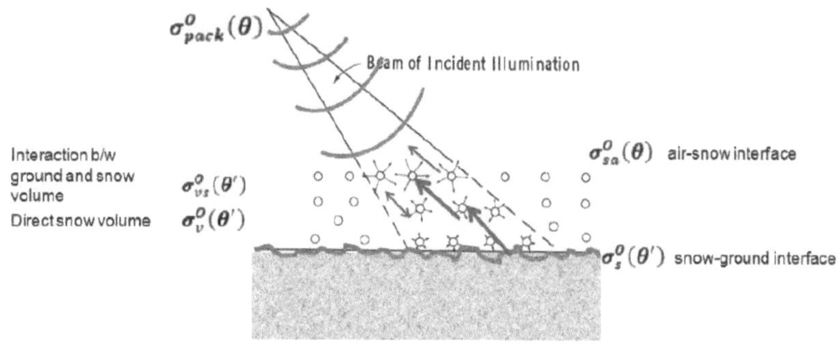

Rysunek 1.6: Mikrofalowe zdalne wykrywanie lodu i śniegu

1.6 Synteza danych z wykorzystaniem wielu czujników (MSDF)

1.6.1 Czym jest fuzja obrazów?

Fuzja obrazów jest procesem polegającym na łączeniu danych z dwóch lub więcej obrazów źródłowych tej samej sceny w celu uzyskania jednego obrazu. Zawiera ona więcej szczegółów sceny niż którykolwiek z obrazów źródłowych. Proces fuzji ma na celu wydobycie wszystkich użytecznych informacji z obrazów źródłowych bez wprowadzania artefaktów i niespójności, które zmieniają ludzkie obserwacje. Image Fusion to połączenie dwóch lub więcej różnych obrazów w celu utworzenia nowego obrazu poprzez zastosowanie pewnych algorytmów (Pohl i Van Genderen, 1998).

1.6.2 Potrzeba scalania obrazów

Wraz z rozwojem technik teledetekcji satelitarnej dostępnych jest obecnie kilka zestawów danych do obserwacji Ziemi pochodzących z różnych czujników kosmicznych. Istnieje potrzeba połączenia danych zebranych z różnych czujników w celu uzyskania najbardziej użytecznych informacji z dużą ilością danych. Fuzja obrazów jest efektywnym podejściem do optymalnego wykorzystania dużej ilości danych pochodzących z wielu źródeł. Fuzja danych z wielu czujników (MSDF) ma na celu połączenie informacji z wielu czujników, aby uzyskać wnioski, które nie są możliwe do uzyskania z jednego obrazu. Fuzja informacji z różnych czujników o różnych właściwościach fizycznych poprawia nasze zrozumienie otoczenia. Ta ulepszona informacja stanowi podstawę do planowania, podejmowania decyzji i sterowania autonomicznymi i inteligentnymi maszynami. Fuzja obrazów jest w stanie zintegrować różne dane obrazowe, tworząc więcej informacji niż z jednego czujnika, a społeczność teledetekcyjna poświęciła jej ogromną uwagę. Pohl i Van Genderen (1998) opisali główne cele fuzji obrazów w następujący sposób:

1. Ostrzenie obrazów
2. Poprawa korekt geometrycznych
3. Udostępnienie możliwości podglądu stereo
4. Wzmocnienie niektórych funkcji
5. Zestawy danych uzupełniających
6. Wykrywaj zmiany
7. Zastępcze brakujące informacje
8. Wymiana wadliwych danych

1.6.3 KATEGORYZACJA algorytmów syntezy obrazu

MSDF może być wykonywany na czterech różnych poziomach przetwarzania. Fuzja odbywa się na różnych etapach, takich jak poziom sygnału, poziom pikseli, poziom funkcji i poziom decyzji.

(1) Synteza poziomu sygnału: Sygnały z różnych czujników są łączone w celu uzyskania nowego sygnału o lepszym stosunku sygnału do szumu w porównaniu z sygnałami oryginalnymi.

(2) Fuzja na poziomie pikseli: Jest ona wykonywana na zasadzie piksel po pikselu. Informacje związane z każdym pikselem w stopionym obrazie są określane za pomocą zestawu pikseli w obrazie źródłowym w celu poprawy wydajności etapów przetwarzania obrazu.

(3) Fuzja na poziomie cech: Wymaga ona ekstrakcji obiektów rozpoznanych w różnych źródłach danych do ekstrakcji istotnych cech w zależności od ich otoczenia, takich jak intensywność pikseli, krawędzie czy tekstury. Te podobne cechy z obrazów wejściowych pochodzących z wielu źródeł są łączone.

(4) Fuzja na poziomie decyzji: Informacja jest łączona na wyższym poziomie abstrakcji, łączy wyniki z wielu algorytmów, aby odroczyć ostateczną decyzję o połączeniu. Obrazy wejściowe są przetwarzane niezależnie do celów ekstrakcji informacji. Uzyskane informacje są następnie łączone poprzez zastosowanie reguł decyzyjnych w celu podkreślenia wspólnej interpretacji.

1.6.4 Techniki syntezy obrazu

Opracowano kilka technik fuzji obrazów i narzędzi programowych. Obrazy używane w procesie fuzji obrazów powinny być już zarejestrowane. Błędna rejestracja jest głównym źródłem błędów w procesie fuzji obrazów. Niektóre znane metody fuzji obrazów są następujące:

1. **Transformacja kolorów**: Zmodyfikowana transformacja IHS
2. **Metody statystyczne**: Główny komponent Łączenie
3. **Metody numeryczne**: Brovey Transform, CN Spectral Sharpening, Gram-Schmidt Spectral Sharpening, Wavelet based Fusion
4. **Metody łączone**: Ehlers Fusion

1.7 Cele badawcze

Praca przedstawiona w niniejszej pracy koncentruje się głównie na mapowaniu pokrywy śnieżnej i fuzji obrazów w części regionu Himalajów. Cele badawcze niniejszej pracy, odnoszące się do obszaru badań i przedmiotu badań nad mapowaniem pokrywy śnieżnej i fuzją wizerunkową, są następujące:

1. Mapowanie obszaru pokrywy śnieżnej (SCA) z wykorzystaniem wieloczujnikowych obrazów optycznych
2. Mapowanie obszaru pokrytego śniegiem (SCA) z wykorzystaniem obrazu SAR
3. Wielosensorowa synteza danych (MSDF): optyczna i SAR synteza danych

1.8 Obszar badań

Konieczne jest uwzględnienie zarówno charakterystyki terenu, jak i dynamiki pokrycia terenu w celu zbadania czasowo rozłożonych aktywnych reakcji mikrofalowych i czujników optycznych w danym regionie. Ponieważ rozproszenie wsteczne i reflektancja są wrażliwe na zmienne powierzchniowe, np. pokrycie terenu, wilgotność itp. Poniżej przedstawione są ważne cechy charakterystyczne badanego obszaru.

1.8.1 Położenie geograficzne i charakterystyka terenu

Obszar w Manali (HP) i jego okolicach oraz części Manali-Leh Highway, takie jak Dhundi, przełęcz Rohtang i Patsio, proponuje się jako obszar badań dla niniejszych prac. Obszar badawczy objęty jest toposheetsem SOI nr. 52h/2, 52h/3, 52h/5. Numer Path/Row to 95/48 dla danych LISS III. Numery ścieżki/wiersza to 96/49, 95/48, 90/45, 69/136 itd. dla danych AWiFS.

Na podstawie kategoryzacji terenów lawinowych według Sharma i Ganju (2000) dla Himalajów Indyjskich, obszar badań został podzielony na dwie strefy. W naszym obszarze badawczym przełęcz Rohtang służy jako dzielnik. Obszar pod przełęczą Rohtang nazywany jest *Strefą Dolnych Himalajów*. Obszar ten charakteryzuje się dużymi opadami śniegu, umiarkowanie wysokimi temperaturami i intensywną aktywnością lawinową. Pokrycie roślinnością sięga do wysokości 3500 m na stokach po stronie nawietrznej pasma Pir Panjal. Sezon zimowy rozpoczyna się od listopada do lutego. Temperatura waha się od 0°-15°C, przy czym w tym okresie występują maksymalne opady. Pokrywa śnieżna w tym okresie jest w większości sucha do wilgotnej. W okresie od marca do maja występują wysokie temperatury i szybka ablacja. W tym okresie pokrywa śnieżna szybko zmienia się z suchej na wilgotną i mokrą. Część poza przełęczą Rohtang nazywana jest *Strefą Środkowych Himalajów,* która charakteryzuje się niskimi opadami i niską temperaturą. Obszar ten doświadcza stosunkowo długiego sezonu zimowego od października do marca, z niską temperaturą -25°C w szczycie zimy. Poniżej przedstawione są ważne cechy charakterystyczne badanego obszaru.

Położenie geograficzne : 32°12'15.88" N, 77° 22' 45.01" E, środek obszaru badań

Obszar geograficzny : 2573,66 km2 (45,95 km x 56,01 km)

Średnie nachylenie : 28°

Zasięg wznoszenia : 1712 do 6460 metrów

1.8.2 Mapa LOKALIZACYJNA obszaru badań

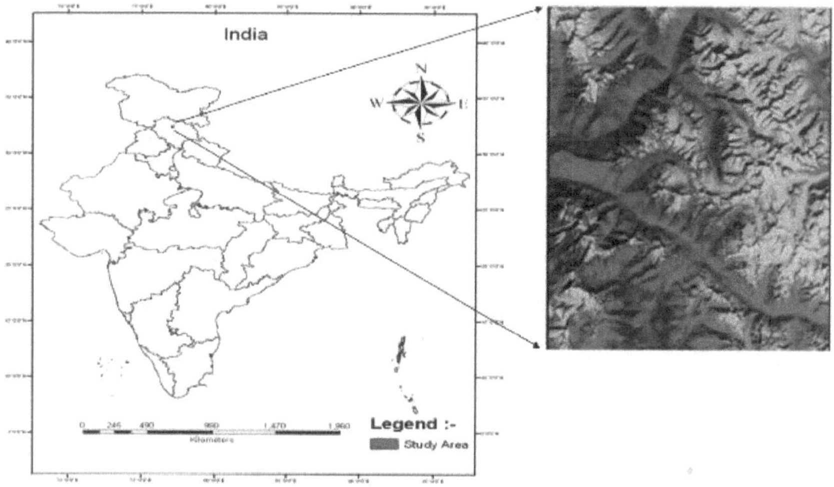

Rysunek 1.7: Mapa lokalizacyjna obszaru badań widzianego na obrazie AWiFS

1.9 **Stosowane oprogramowanie**

- ArcGIS (v 9.3)
- ENVI (v 4.7)
- ERDAS Imagine (v 9.2)
- NEST 4A

Do przetwarzania, analizy i wizualizacji danych SAR dostępnych jest tylko kilka programów, a większość z nich jest przeznaczona do celów komercyjnych. Next ESA SAR Toolbox (NEST) został wykorzystany do odczytu, post-processingu, analizy i wizualizacji dużego archiwum danych (Poziom 1) misji ESA SAR, w tym ERS 1 i 2, ENVISAT-ASAR, oraz innych danych SAR z innych czujników. Jest to oprogramowanie typu open source, które można pobrać ze strony internetowej http://www.array.ca/nest.

1.10 Stosowane zestawy danych: W tym badaniu wykorzystano wieloźródłowe zbiory danych do mapowania powierzchni pokrywy śnieżnej.

1.10.1 Zbiory danych z optycznych czujników teledetekcji

W badaniu tym wykorzystano optyczne zestawy danych z teledetekcji, w tym LISS-III, LISS-IV i AWiFS. Specyfikacja zestawów danych jest podana w tabelach.

Tabela 1.3: Specyfikacja danych satelitarnych IRS 1C/1D

Satelita	**Czujnik**	**Zakres spektralny (µm)**	**Rozdzielczość przestrzenna (m)**	**Rozdzielczość radiometryczna**	**Rozdzielczość czasowa (Dni)**	**Pokos (Km)**
IRS 1C/1D	LISS-III	Zielony: 0.52-0.59 Czerwony: 0,62-0,68 NIR: 0.77-0.86 WIROWAĆ: 1,55-1,75	23,5 (VNIR) 70,5 (SWIR)	7 bitów	24	142 (VNIR) 148 (SWIR)
	WiFS	Czerwony: 0,62-0,68 NIR: 0.77-0.86	188	7 bitów	5	740
	PAN	0.50-0.75	5.8	6 bitów	24	70

Tabela 1.4: Specyfikacja danych satelitarnych IRS P6/Resourcesat-1

Satelita	**Czujnik**	**Zakres spektralny (µm)**	**Rozdzielczość przestrzenna (m)**	**Rozdzielczość radiometryczna**	**Rozdzielczość czasowa (Dni)**	**Pokos (Km)**
IRS-P6 / ResourceSat-1	LISS-IV	Zielony: 0.52-0.59 Czerwony: 0,62-0,68 NIR: 0.77-0.86	5.8	10 bitów	24	23,9 (PAŃSTWA CZŁONKOWSKIE) 70 (PAN)
	AWiFS	Zielony: 0.62-0.68	56 (nadir) 70	10 bitów	5	740

		Czerwony: 0,62-0,68	(krawędź pokosu)			
		NIR: 0,77-0,86				
		WIROWAĆ: 1,55-1,75				

1.10.2 Zestawy danych mikrofalowych

Aktywne dane mikrofalowe składają się ze współczynników rozpraszania wstecznego mierzonych w paśmie C (częstotliwość: 5,3 GHz, polaryzacja: HH & VV i długość fali: 5,66 cm) przez czujnik ESA Advanced Synthetic Aperture Radar (ASAR). Jest to jeden z kluczowych czujników na pokładzie satelity ENVISAT, uruchomionego w marcu 2002 r. Główne specyfikacje produktu ENVISAT-ASAR wykorzystywanego w tym badaniu są podane w poniższej tabeli 1.5.

Tabela 1.5: Specyfikacja danych satelitarnych ENVISAT-ASAR

Tryby operacyjne	AP, IM, WS, WV & GM
Polaryzacja	Podwójna polaryzacja
Tryby pozyskiwania danych	Stripmapy i ScanSAR
Kąt padania	15°- 45°
Ścieżka obrazu	7 pokosów (15 do 45 stopni kąta padania) do 100 Km
Rozdzielczość przestrzenna	30 m - 150 m (AP,IM WS) i 400 m (WV), 1Km (GM)
Odszkodowanie za straty wynikające z rozproszenia zasięgu	Stosuje się
Przeliczanie zasięgu skośnego na gruntowy	Stosuje się

W celu skompensowania lokalnych zniekształceń geometrycznych i radiometrycznych związanych z topografią, obrazy SAR zostały skorygowane za pomocą danych z cyfrowego modelu wysokościowego (DEM). Można je bezpłatnie pobrać za pośrednictwem następujących linków: http://www.gdem.aster.ersdac.or.jp lub http://asterweb.jpl.nasa.gov/gdem.asp.

1.10.3 Dane pomocnicze

- Arkusze topograficzne SOI w skali 1:50.000 z numerami arkuszy 52h/2, 52h/3, 52h/5. Arkusze te posłużyły do zlokalizowania i wytyczenia obszaru badań.
- ASTER DEM
- Dostępna była literatura i mapy o różnych tematach obszaru badań, które zostały wykorzystane do dalszej pracy analitycznej.

1.11 Organizacja pracy dyplomowej

Organizacja pracy magisterskiej zapewnia pobieżne spojrzenie i krótkie wprowadzenie do wszystkich rozdziałów i przeprowadzonych badań. Teza została podzielona na pięć rozdziałów, które zostały przedstawione w następujący sposób:

Rozdział 1 dotyczy wprowadzenia śniegu i jego właściwości optycznych, metod fuzji danych, celów badawczych, obszaru badań i wykorzystywanych zbiorów danych.

Rozdział 2 dotyczy przeglądu literatury w celu rozwinięcia spostrzeżeń na temat wcześniejszych badań prowadzonych przez różnych badaczy w dziedzinie mapowania pokrywy śnieżnej i fuzji danych.

Rozdział 3 dotyczy metodologii badawczej, różnych produktów wykorzystujących dane z optycznych i mikrofalowych systemów teledetekcji oraz odpowiadających im informacji z systemów satelitarnych. Szczegółowa metodologia obejmuje konwersję DN na współczynnik odbicia, obliczanie współczynnika rozproszenia wstecznego (sigma noght), generowanie mapy pokrytej śniegiem, a następnie scalanie obrazów.

Rozdział 4 dotyczy wyników i omówienia niniejszego badania.

Rozdział 5 dotyczy ważnych wniosków wyciągniętych z badania. Zawiera on również przyszły zakres prac.

ROZDZIAŁ 2

PRZEGLĄD LITERATURY

Stan zaawansowania prac badawczych

N. Roshani et al., 2008 "Snow mapping of Alamchal glacer using remote sensing data" (Mapowanie śniegu lodowca Alamchal przy użyciu danych teledetekcji)

W niniejszym artykule omówiono metodę identyfikacji śniegu i lodu za pomocą danych teledetekcyjnych. W badaniu tym wykorzystano zdjęcia satelitarne Landsat i LISS III. Pasmo MIR jest wykorzystywane do rozróżniania śniegu i chmury za pomocą różnych współczynników odbicia. W niniejszej pracy opisano metody pozyskiwania śniegu na powierzchni pokrytej śniegiem, nowego śniegu oraz śniegu sprężonego z obrazów optycznych.

H S Negi et al. , 2009 "Estimation of snow cover distribution in Beas basin, Indian Himalaya using satellite data and ground measurements".

W niniejszym opracowaniu opracowano metodykę mapowania pokrywy śnieżnej z wykorzystaniem obrazu IRS-P6 AWiFS. W celu przezwyciężenia zawiłości w mapowaniu pokrywy śnieżnej za pomocą pomiarów terenowych z pomocą spektroradiometru. Badano również trend wskaźników reflektancji/śniegu. Zaobserwowano, że wartości wskaźnika śniegu znormalizowanej różnicy (NDSI) pozostają stałe ze zmiennością nachylenia i aspektu.

Jarkko T. Koskinen et al. , 1997 "Wykorzystanie danych ERS-1 SAR w monitorowaniu topnienia śniegu".

W artykule przeanalizowano wielopółokresowe obrazy ERS-1 SAR z dwóch sezonów zimowych. Wyniki porównano również z pomiarami in situ i cyfrową mapą użytkowania terenu. Wyniki pokazują, że mokry śnieg można odróżnić od innych rodzajów śniegu/gleby (suchy śnieg i goły grunt) w obecności zadaszeń leśnych. Zaobserwowano również, że obrazy SAR są przydatne do mapowania mokrego śniegu, obszarów częściowo roztopionych i obszarów bezśnieżnych.

G. Venkataraman et al. , 2008 "Monitorowanie powierzchni pokrywy śnieżnej przy użyciu danych TERRASAR-X z wielu okresów czasu".

W badaniu tym wykonano mapowanie powierzchni pokrywy śnieżnej na obszarze Dhundi w stanie Himachalaje w Indiach i części lodowca Gangotri. Wielotemperaturowe zdjęcia TerraSAR-X zostały pozyskane z częściowo pokrytą śniegiem i bezśnieżną warstwą nad lodowcem Gangotri. W niniejszej pracy opracowano technikę opartą na wykrywaniu zmian lub proporcji obrazów. Obraz o tym współczynniku jest w stanie usunąć efekty kąta padania i zależy od tego, czy obraz referencyjny ma powierzchnię wolną od śniegu. Mapy obszaru pokrytego śniegiem zostaną porównane z obrazem optycznym. Obrazy proporcji dostarczają informacji o pokrytym i nie pokrytym śniegiem obszarze. Sceny TerraSAR-X będą pozyskiwane w okresie zimowym (z pokrywą śnieżną) i letnim (bez śniegu) na terenie badań. Na koniec, wyniki badania TerraSAR-X zostały porównane z wynikami badań ENVISATASAR (pasmo C) i ALOS-PALSAR (pasmo L).

F. Rau et al. , 2000 "Monitoring wieloletniej dynamiki pokrywy śnieżnej na Półwyspie Antarktycznym przy użyciu zdjęć SAR".

W pracy tej wykorzystano multi-temporalne mozaiki SAR-owe pochodzące z obrazowania radarowego ERS-l/2 do mapowania różnych stref lodowców radarowych w skali regionalnej. Mozaiki w sezonie zimowym 1992 i 1997 oraz mozaika w sezonie letnim 1998 ułatwiają rozróżnienie głównych stref lodowcowych na Półwyspie Antarktycznym. Porównanie mozaiki sezonu zimowego z 1997 r. z sezonem ablacyjnym z 1998 r. ujawniło sezonowe wzorce dynamiki pokrywy śnieżnej na dużą skalę. Obrazy mozaikowe pozwalają na efektywne kosztowo i czasowo monitorowanie właściwości pokrywy śnieżnej w dużych skalach.

Valenti, L; Small, D; Meier, E, 2008 "Monitorowanie pokrywy śnieżnej przy użyciu danych z multitemporalnego systemu ENVISAT/ASAR".

Metoda jest zgłaszana w przypadku mapowania i monitorowania pokrywy śnieżnej przy użyciu danych Multitemporal ENVISAT-ASAR w paśmie C. Zniekształcenia rzeźby terenu są usuwane w celu wytworzenia produktów obrazowania geokodowanego terenu skorygowanego (GTC). Współczynniki rozpraszania wstecznego są obliczane przy użyciu uproszczonej geometrii elipsoidalnej opartej na nominalnym lokalnym kącie padania. Różnica w każdym obrazie ASAR jest wykorzystywana do monitorowania pokrywy śnieżnej i suchego śniegu lub obrazu bez śniegu. Referencyjny obraz suchego śniegu w zimie został porównany z każdym nowym obrazem ASAR na podstawie konwencjonalnych wartości progowych (np. 3 dB).

Rune Storvold, Eirik Malnes i Inge Lauknes, 2005; "Using ENVISAT ASAR wide swath data to retrieve snow covered area in mountainous regions".

W poprzednich badaniach mokry śnieg można wykryć za pomocą obrazu ERS SAR z przepustką wielokrotną za pomocą obrazu referencyjnego uzyskanego podczas sezonu zimnego suchego śniegu i odjąć go od klasyfikowanego obrazu. W niniejszym opracowaniu przedstawiono i zatwierdzono technikę odzyskiwania pokrytego śniegiem obszaru z wykorzystaniem danych z przepustki powtarzalnej ENVISAT-ASAR z szerokiego pokosu nad górzystymi regionami południowej Norwegii. Do klasyfikacji suchego śniegu stosuje się metodę okien przesuwnych. Metoda ta została wykonana w prawie rzeczywistym środowisku czasowym i przeprowadzona przedoperacyjnie w roku 2004. W celu poprawy klasyfikacji śniegu wykorzystuje się dane dotyczące temperatury powietrza z sieci norweskich stacji meteorologicznych. Wykorzystuje się ją również do tworzenia map temperatury powietrza powierzchniowego o wysokiej rozdzielczości. Mapy te są następnie wykorzystywane do filtrowania mokrego śniegu z obrazów referencyjnych w celu uniknięcia błędnej klasyfikacji suchego śniegu. Wyniki są weryfikowane za pomocą precyzyjnych pomiarów terenowych uzyskanych z czujników optycznych, a mianowicie MODIS i Landsat.

Wenbo Wua et al. , 2006 "Zastosowanie fuzji obrazów TM i SAR do monitoringu obszarów górnictwa węglowego".

Fuzja pomiędzy obrazami TM i SAR rozwiązuje problem defektów w obrazach jednodniowych. Wyniki tej pracy wykazały, że połączone obrazy mogą być zalety i, zwiększyć możliwości dyskryminacji cech. Integracja wielu źródeł danych poprawia dokładność klasyfikacji użytkowania gruntów/okrycia terenu. Badania wykazały, że fuzja obrazów wieloźródłowych i wieloczasowych może być korzystna w dynamicznym monitorowaniu środowiska ekologicznego na obszarach górniczych. Dostarcza ono również podstawowych danych do eksploatacji zasobów górniczych.

R. Riyahi et al. , 2007 "Comparison of different image fusion techniques for individual tree crown identification using QuickBird images".

W pracy porównano różne techniki syntezy pikselowej, a mianowicie PCA (Principal Component Analysis), transformację Brovey'a i Ehlersa. Wielospektralne i panchromatyczne obrazy satelity QuickBird zostały połączone przy użyciu różnych metod fuzji. Wyniki porównano za pomocą interpretacji wizualnej i analizy statystycznej. Ocena jakości obrazów stopionych wykazała, że metoda PCA wypadła lepiej w porównaniu z innymi metodami.

Jiang Dong i in., 2009 "Postępy w dziedzinie wieloczujnikowej syntezy danych: algorytmy i aplikacje".

Dzięki rozwojowi technik teledetekcji dostępnych jest obecnie kilka danych obrazowych z czujników powietrznych/satelitarnych. Prace przedstawione w niniejszym opracowaniu opisują przegląd najnowszych osiągnięć w dziedzinie fuzji danych pochodzących z wieloczujnikowych czujników satelitarnych. Po pierwsze, wprowadzono najbardziej rozpowszechnione metody fuzji danych, kładąc nacisk na ich udoskonalenie. Opisano niektóre z najnowszych zastosowań teledetekcji, w tym identyfikację obiektów, klasyfikację, wykrywanie zmian i śledzenie celów. Następnie omówiono wady i zalety tych zastosowań. Przedstawiono zalecenia, w tym postępy w zakresie algorytmów syntezy jądrowej oraz ustanowienie automatycznego systemu oceny jakości.

Sun Yonghua, Li Xiaojuan et al. , 2007 "A Study on optical and SAR data fusion for extracting flooded area" ("Studium nad fuzją danych optycznych i SAR w celu wydobycia z terenów zalanych").

Wprowadza się metodę łączenia danych optycznych i SAR przed powodzią i w jej trakcie. W ramach tego badania oceniono możliwości fuzji danych w celu połączenia informacji z obrazów Landsat ETM i RADARSAT do ekstrakcji zbiorników wodnych i obszarów zalewowych. Obraz Landsat ETM zasadniczo dostarcza informacji na temat ukształtowania terenu i normalnego zasięgu wody. Z kolei obraz RADARSAT, uzyskany podczas powodzi, dostarcza informacji o rozprzestrzenieniu się wody i zalanym obszarze. Uzyskane w ten sposób obrazy znacznie wzbogacają informacje o rozległym obszarze zalewowym. Bardzo łatwo jest odróżnić obszar zalany od wody normalnej za pomocą wyników fuzji danych optycznych i SAR.

H. Rott i K F Kunzi, 1983 "Zdalne wykrywanie pokrywy śnieżnej za pomocą pasywnych i aktywnych czujników mikrofalowych".

Badania wykorzystujące dane z wielokanałowego radiometru mikrofalowego Scanning Multichannel (SMMR) na Nimbus-7 ujawniły ogromny potencjał pasywnych czujników mikrofalowych do monitorowania parametrów pokrywy śnieżnej, takich jak zasięg powierzchniowy, równoważnik wodny i początek topnienia śniegu, zarówno w skali globalnej, jak i dla dużych zlewni (S10 km) praktycznie niewrażliwych na zachmurzenie. Aktywne czujniki mikrofalowe oferują znacznie wyższą rozdzielczość przestrzenną niż ta, którą można uzyskać za pomocą pasywnych czujników mikrofalowych. Dane SAR z powietrza w paśmie X-C są wykorzystywane do mapowania zasięgu śniegu podczas fazy spływu w trudnym terenie.

ROZDZIAŁ 3

METODYKA BADAWCZA

3.1 mapowanie powierzchni pokrywy śnieżnej z wykorzystaniem wielosensorowych danych optycznych

Wielo-spektralne i wieloczujnikowe optyczne dane teledetekcyjne zostały wykorzystane do klasyfikacji różnych kategorii śniegu w oparciu o techniki refleksyjności i interpretacji wizualnej. W paśmie SWIR chmury wydają się jaśniejsze niż śnieg. Pokrycie śniegiem i chmurami będzie różnicowane za pomocą pasma zielonego/czerwonego i pasma SWIR. Ostatecznie mapy śniegu zostały przygotowane z wykorzystaniem obrazów NDSI. Mapy śniegowe proponuje się podzielić na pięć klas, takich jak suchy śnieg, wilgotny śnieg, mokry śnieg, roślinność i jałowa skała.

3.1.1 Dyskryminacja ze względu na śnieg/chmury obliczeniowe

Pokrywa chmurowa jest jedną z głównych trudności w operacyjnym mapowaniu pokrywy śnieżnej. Jest ona dodatkowo spotęgowana z powodu podobnych wzorców odbicia śniegu i chmury. W obszarze widzialnym i bliskiej podczerwieni chmury wykazują bardzo wysoki współczynnik odbicia. Dlatego nie jest możliwe rozróżnienie śniegu i chmury ze względu na podobne właściwości odbicia tego obszaru widma elektromagnetycznego. W zakresie spektralnym pomiędzy 1.55-1.75 µm, 2.1-2.35 µm i 3.55-3.93 µm wykazały potencjał do rozróżniania śniegu i chmury. W tych zakresach spektralnych śnieg wykazuje mniejszą zdolność do odbijania światła niż chmura. Badanie sugeruje, że wartości promieniowania mierzone na wysokości satelity od pokrywy śnieżnej są bardzo niskie w paśmie SWIR. Jednak wartości luminancji są bardzo wysokie w przypadku chmur. Pozwala to na rozróżnienie między śniegiem a chmurą przy użyciu kombinacji pasma zielonego i SWIR. Pokrywa śnieżna może być łatwo odróżniona od śniegu na obrazie SWIR. Część badanego obszaru w FCC i w paśmie SWIR pokazano na rysunku 3.1 poniżej.

Rysunek 3.1: Dyskryminacja śniegiem i chmurą z wykorzystaniem pasma SWIR

3.1.2 Wstępna obróbka obrazu LISS-III

Ta sekcja zawiera omówienie metod wstępnego przetwarzania, które zostały wykorzystane do uzyskania wielkości fizycznych, takich jak współczynnik odbicia od pozyskanych zbiorów danych optycznych teledetekcji. Poniższa procedura została przyjęta w celu sporządzenia map pokrywy śnieżnej:

1. Wybór i georeferencja danych optycznych
2. Generowanie DEM z konturów
3. Konwersja obrazu liczb cyfrowych (DN) na obraz promieniujący
4. Obliczanie maksymalnego i minimalnego promieniowania spektralnego dla każdego pasma, maksymalnych wartości DN dla danego pasma
5. Konwersja obrazu radiowego na obraz refleksyjny: procedura będzie obejmowała wykorzystanie obrazu radiowego, mapy nachylenia, mapy aspektów, słonecznego kąta zenitu, słonecznego kąta azymutu, lokalnego kąta oświetlenia, lokalnego kąta padania światła, średnich słonecznych wartości egzoatmosferycznych, odległości Ziemi od Słońca, dnia Juliana, czasu zbierania danych i DEM obszaru
6. Mapy NDSI z obrazów odbiciowych: NDSI to stosunek różnicy między pasmami zielonymi i SWIR oraz dodanie pasm zielonych i SWIR
7. Przygotowanie map pokrytych śniegiem: mapy śniegowe będą przygotowywane poprzez zastosowanie odpowiednich progów do wartości współczynnika odbicia i NDSI; wynik końcowy będzie posiadał klasy, tj. suchy - śnieg, wilgotny - śnieg, mokry - śnieg, roślinność, jałowa - skalna i cień.
8. Ocena dokładności map pokrytych śniegiem

3.1.2.1 Wybór i georeferencja zdjęć satelitarnych

W tej części, surowe dane zostały zaimportowane do systemu ERDAS za pomocą modułu IMPORT, wybierając typ danych jako ogólny binarny. Pozostałe informacje dotyczące importu i przetwarzania danych podane są w pliku nagłówkowym danych. Wybrano optyczne zestawy danych takie jak LISS-III i AWiFS satelitów IRS oraz sprawdzono jakość tych danych pod względem stanu chmury. Obrazy z okresu 2002-2006 o najmniejszym pokryciu chmurą (<10%), zostały wybrane do dalszego przetwarzania i analizy. Po wybraniu odpowiednich obrazów, dokonano georeferencji w odniesieniu do głównego obrazu LISS-III z odniesieniem geograficznym. Obrazy użyte do badań są takie, jak pokazano na rysunku 3.2.

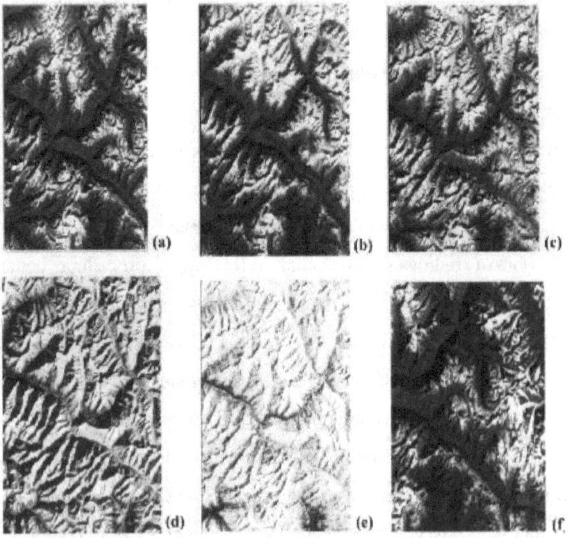

Rysunek 3.2: Zdjęcia LISS-III wybrane do niniejszego badania (a), (b), (c), (d), (e) i (f) odpowiednio z dat 20/11/02, 15/12/02, 09/12/04, 26/12/04, 01/04/05 i 09/11/06

3.1.2.2 Korekta dotycząca efektów atmosferycznych i topograficznych

Strumień promieniowania zarejestrowany przez system teledetekcji w różnych pasmach jest dokładnym odwzorowaniem strumienia promieniowania, który w rzeczywistości opuszcza interesującą go cechę na powierzchni Ziemi. Niestety, hałas (błąd) może wejść do systemu gromadzenia danych w kilku punktach. Błędy radiometryczne w obrazie teledetekcyjnym mogą być wprowadzone przez sam system czujnika ze względu na brak funkcjonalności poszczególnych detektorów lub niewłaściwą kalibrację (Teillet, 1986). Po drugie, atmosfera interweniująca pomiędzy interesującym nas terenem a systemem teledetekcji może powodować tak duży hałas (tj. tłumienie atmosferyczne), że energia zarejestrowana przez czujnik nie będzie przypominać tej, która została odbita lub wyemitowana przez teren. Po trzecie, inny rodzaj zniekształceń radiometrycznych nazywany jest efektem topograficznym. Wynika to z różnicy w kącie świecenia Słońca i kącie nachylenia terenu, co prowadzi do zmiany wartości jasności obrazu. Efekt topograficzny to połączenie oświetlenia padającego (orientacja powierzchni w stosunku do promieni słonecznych), kąta istnienia (ilość energii odbitej w funkcji kąta nachylenia) itp.

3.1.2.2.1 Korekcja atmosferyczna

Wpływ atmosfery na dane odbierane za pomocą teledetekcji nie jest uważany za błąd, ponieważ są one elementem sygnałów odbieranych przez czujnik. Wielokrotnie jednak ważne jest usunięcie efektów atmosferycznych, szczególnie w przypadku analizy dopasowania obrazu i wykrywania zmian. Na przestrzeni lat opracowano wiele algorytmów służących do korygowania zmian w transmisjach atmosferycznych. Dostępne algorytmy do korekcji atmosferycznej to odejmowanie ciemnych obiektów, konwersja promieniowania na odbicie, regresja liniowa, modelowanie atmosferyczne itp.

W niniejszym opracowaniu zastosowano metodę odejmowania ciemnych obiektów (DOS) w celu skorygowania atmosfery effect obecnej na zdjęciach. Korekta ta może być przeprowadzona w danych wielospektralnych poprzez obserwację promieniowania zarejestrowanego na obszarach docelowych o zasadniczo zerowych wartościach, takich jak głęboka czysta woda w obszarze NIR widma (Chavez i in., 1989, Chavez 1996; Song i in., 2001). W związku z tym każdy sygnał obserwowany na takim obszarze reprezentuje promieniowanie ścieżki. Wartości te można odjąć od wszystkich pikseli we wszystkich pasmach. Niewłaściwy dobór ciemnych pikseli powoduje czasem, że wartości DOS są zawyżone lub zaniżone, co może być nieważne w zależności od jednolitości atmosfery na danej scenie. Metoda DOS wykorzystuje względny model diffusion wyrażony jako prawo siły w postaci (λ^{-n})w zależności od warunków atmosferycznych, aby przewidzieć wartości mgły, które należy odjąć dla każdego pasma widma

(Chavez 1996). Wartość n wynosi odpowiednio 4, 2, 0,7 i 0,5 dla bardzo wyraźnych, wyraźnych/umiarkowanych, zamglonych i bardzo zamglonych warunków atmosferycznych. Wartości atmosferyczne coefficient oparte na wartości rozproszenia coefficient są oszacowane dla każdego pasma zgodnie z tabelą 3.1. Warunki atmosferyczne i odpowiadające im wartości współczynników rozpraszania dla korekty zamglenia podano w Tabeli 3.2.

Tabela 3.1: Współczynnik rozpraszania dla różnych warunków atmosferycznych

Warunki atmosferyczne	**Współczynnik rozproszenia (Scattering Coefficient)**
Bardzo jasne	$(\lambda)^{-4}$
Jasne i umiarkowane	$(\lambda)^{-2}$
Hazy	$(\lambda)^{-0.7}$
Bardzo Hazy	$(\lambda)^{-0.5}$

Tabela 3.2: Współczynniki atmosferyczne dla różnych warunków i długości fal

Zespoły LISS-III	Długość fali λ (w μm)	Średnia λ (w μm)	Współczynnik Atmosfery stały dla korekcji zamglenia (=$\lambda^{-n/}$ Scatt. Coeff. zielonej taśmy)			
			Bardzo jasne	Jasne i umiarkowane	Hazy	Bardzo Hazy
2 (Zielony)	0.52-0.59	0.5550	1.0000	1.0000	1.0000	1.0000
3 (Czerwony)	0.62-0.68	0.6500	0.5315	0.7291	0.8953	0.9240
4 (NIR)	0.77-0.86	0.8150	0.2151	0.4638	0.7642	0.8252
5 (SWIR)	1.55-1.75	1.6500	0.0128	0.1131	0.4664	0.5800

Atmosferyczne rozpraszanie jest składnikiem dodatkowym i należy odjąć wartości luminancji uzyskane w równaniu luminancji. Wzór na skorygowanie każdego pasma pod kątem zamglenia atmosferycznego jest podany jako równanie (3.1) w następujący sposób:

$$(X_{i\lambda}) = \mathrm{Radiance}_{i\lambda} - (K_{i\lambda} * \mathrm{Radiance}_{d}) \quad (3.1)$$

Gdzie, $X_{i\lambda}$ = skorygowane atmosferycznie promieniowanie piksela, $K_{i\lambda}$ = stałą współczynnika atmosferycznego (mnożnik) dla każdego pasma, oraz $Radiance_d$ = blask ciemnego obiektu (zbiornika wodnego) w paśmie NIR.

3.1.2.2.2 Korekta topograficzna

Region Himalajów jest bardzo wytrzymały i pofałdowany. Obrazy satelitarne nierównego terenu często zawierają zniekształcenia radiometryczne zwane efektem topograficznym. Dlatego też opracowano różne modele korekcji topograficznej w celu zrozumienia wpływu topografii na różne parametry śniegu. Nie istnieje żadna metoda korekcji topograficznej, która mogłaby być powszechnie stosowana na wszystkich rodzajach terenu.

W badaniu tym wykorzystano lambertowski model reflektancji w celu zmniejszenia efektu topograficznego. Model ten zakłada, że powierzchnia odbija padającą energię słoneczną równomiernie we wszystkich kierunkach oraz że zmiany współczynnika odbicia są spowodowane ilością padającego promieniowania. Elewacja słoneczna, azymut, DEM i zdjęcia satelitarne są potrzebne do normalizacji efektów topograficznych. Metoda ta nazywana jest również oświetleniem i metodą opartą na DEM. Kąt padania promieniowania jest zdefiniowany w równaniu (3.2) podanym poniżej:

$$\cos i = \{cos\ (Z) * \cos\ (\theta) + [sin\ (Z) * sin\ (\theta) * cos\ (\Omega - \omega)]\} \tag{3.2}$$

gdzie i = kąt między promieniami słonecznymi a normalnym kątem do powierzchni piksela; Z = kąt zenitu słonecznego; Θ = nachylenie każdego piksela; Ω = azymut słoneczny; Ω = aspekt każdego piksela

3.1.2.3 DN do przeliczania współczynnika odbicia

Energia odbita jest przedstawiana w postaci liczb binarnych znanych jako wartości liczb cyfrowych (DN). Zależy ona od parametru kalibracji czujnika. Możliwe jest przeliczenie tych wartości DN na rzeczywiste wartości odbicia. Dlatego też wskaźnik śniegu można uzyskać zarówno za pomocą wartości DN, jak i wartości współczynnika odbicia. Jednak wskaźnik śniegu uzyskiwany za pomocą wartości współczynnika odbicia jest dokładniejszy, ponieważ różne obiekty o tej samej wartości DN mogą prawdopodobnie odpowiadać różnym współczynnikom odbicia. Rzeczywista wartość współczynnika odbicia obiektu opiera się na ułamku napływającego promieniowania słonecznego, który z kolei zależy od różnych parametrów, takich jak wysokość położenia słońca, nachylenie powierzchni, anizotropia powierzchni i składnik atmosferyczny. Oszacowanie wartości współczynnika odbicia z cyfrowych obrazów satelitarnych polega na konwersji liczb cyfrowych na wartości luminancji, tzw. kalibracji czujników, a następnie na konwersji wartości luminancji na odbicie (Srinivasulu i Kulkarni, 2004). Konwersja wartości DN na promieniowanie widmowe wymaga danych wejściowych, które są podawane w pliku nagłówkowym obrazu. Wartości luminancji można obliczyć za pomocą równania (3.3) podanego jako:

$$L_\lambda = \frac{(L_{max\lambda} - L_{min\lambda})DN_\lambda}{DN_{max\lambda}} + L_{min\lambda} \tag{3.3}$$

Gdzie, $L_{min\lambda}$ = promieniowanie widmowe dla każdego pasma przy $DN\lambda = 0$; $L_{max\lambda}$= promieniowanie spektralne dla każdego pasma przy $DN_\lambda = DN_{max\lambda}$; $DN_{max\lambda}$= maksymalna wartość DN dla danego pasma; DN_λ= cyfrowa liczba piksela w danym paśmie

3.1.2.3.1 Przeliczanie DN na radianse

Model używany do przeliczania wartości DN na wartości promieniowania przedstawiono na rysunku 3.3. Na wejściowym obrazie DN należy wybrać obraz satelitarny. Maksymalna wartość promieniowania dla każdego pasma jest używana jako maksymalna wartość promieniowania. Te maksymalne wartości są uzyskiwane z pliku nagłówkowego. Podobnie wartości te są wybierane dla minimalnych wartości promieniowania. W wyjściowym obrazie radiacyjnym należy wpisać nazwę pliku wyjściowego i RUN modelu.

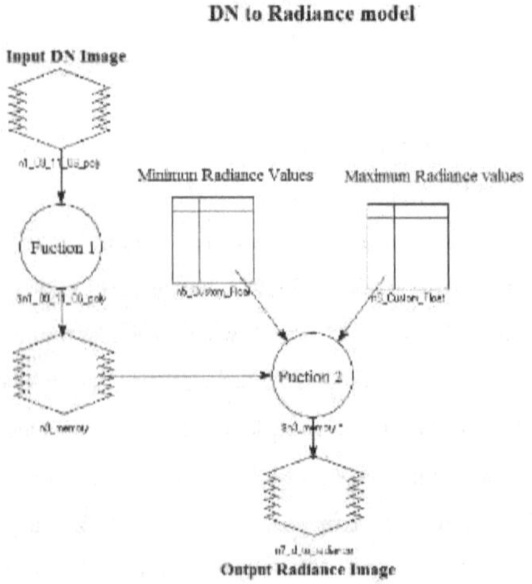

Rysunek 3.3: Model konwersji promieniowania DN na promieniowanie

Teraz korekta atmosferyczna jest wykonywana z wykorzystaniem wyjściowego obrazu promieniowania. W wyjściowym obrazie odejmowania ciemnych obiektów należy wpisać nazwę pliku wyjściowego i uruchomić model.

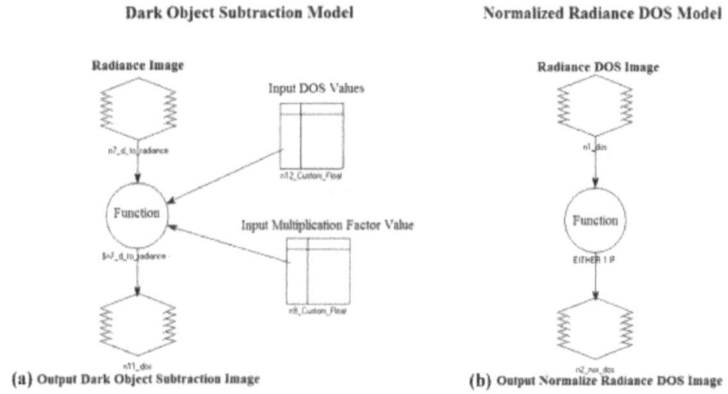

Rysunek 3.4: Model dla (a) odejmowania ciemnych obiektów; (b) normalizacji obrazu DOS

Promieniowanie wyjściowe obrazu DOS ma minimalną wartość ujemną. Wyniki są zwykle przekształcane na wartość dodatnią poprzez zastosowanie algorytmu normalizacji. Pod obrazem DOS normalizuj luminancję, wybierz obraz DOS. W obrazie wyjściowym normalizuj luminancję DOS wprowadzić nazwę pliku wyjściowego. Zapisać model i uruchomić proces. Obraz wyjściowy ma wszystkie wartości dodatnie. Ten obraz jest dalej używany w końcowym modelu odbicia. Zmiana wartości jest prawie nieistotna.

3.1.2.3.2 Generowanie DEM

Potrzebny jest DEM w korygowaniu efektu topograficznego. Tak więc DEM jest generowany na podstawie map konturowych dostarczonych przez SASE. Generacja DEM została wykonana przy użyciu modułu powierzchniowego dostępnego w oprogramowaniu ERDAS Imagine 9.2. Mapy nachylenia i wyglądu zostały wygenerowane za pomocą danych DEM. Dla porównania z pomiarami satelitarnymi, odpowiednia jest konwersja natężenia promieniowania słonecznego na promieniowanie pochodzące od Słońca przy normalnej częstotliwości występowania na idealnie odbijającej powierzchni rozproszonej. Wielkość ta nazywana jest równoważnym promieniowaniem słonecznym i jest równa promieniowaniu słonecznemu podzielonemu przez π. Współczynnik odbicia jest stosunkiem promieniowania satelitarnego do tego równoważnego promieniowania słonecznego. Ponieważ promieniowanie uderzające w powierzchnię niekoniecznie jest prostopadłe do powierzchni, promieniowanie na jednostkę powierzchni jest zmniejszone o cosinusoidalny kąt zenitu słońca. Istnieje zmienność odległości między Ziemią a Słońcem, powodująca zmiany w stałej promieniowania słonecznego. Wzór jest podany jako równanie (3.4)

$$\rho_\lambda = \frac{\pi L_\lambda d^2}{E_{sun\lambda} \cos_{\theta_s}} \tag{3.4}$$

gdzie, $\rho\lambda$ = współczynnik odbicia piksela w danym paśmie; d = odległość Ziemia-Słońce (AU); $Esun\lambda$ = średnie słoneczne widmowe natężenie promieniowania Exoatmospheric; θs = kąt zenitu słonecznego

3.1.2.3.3 Generowanie nachylenia i aspektu

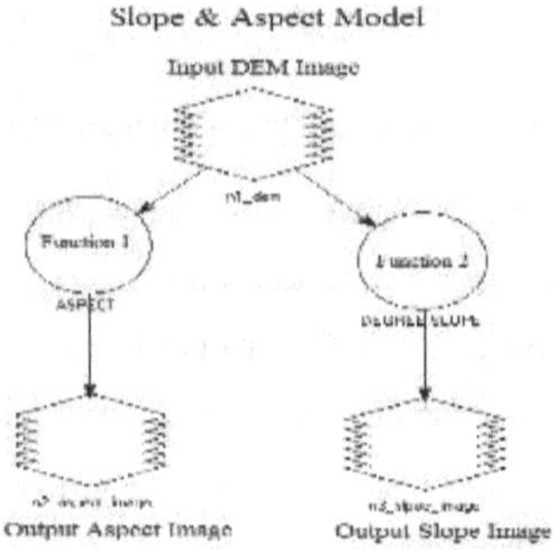

Rysunek 3.5: Model generowania mapy nachylenia i wyglądu

Ważnymi parametrami wejściowymi są: obraz kąta zenitu słonecznego, obraz kąta azymutu słonecznego dla konwersji obrazu promienistego na obraz refleksyjny. Te dwa obrazy są uzyskiwane przy użyciu modelu przedstawionego poniżej na rysunku 3.6. Na obrazie wejściowym DN **należy** wybrać obraz wejściowy w Geog. Projekcja późno/długa. W wejściowym czasie przejścia satelity, wprowadź indyjski standardowy czas w dziesiątkach dziesiętnych, gdy dane zostały pozyskane. Jest to dostępne w pliku Image Header. W danych wejściowych Dzień Juliana, Wprowadź dzień przejścia satelity (np. dla 1 stycznia=1, 1 lutego=32 itd.).

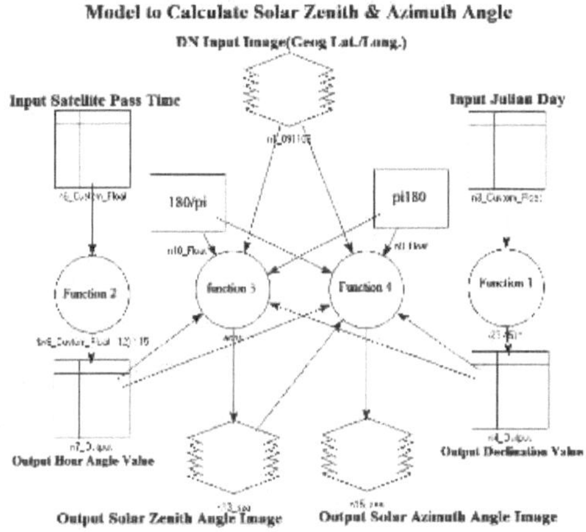

Rysunek 3.6: Model do obliczania zenitu i kąta azymutu słonecznego

Po uzyskaniu kąta zenitu słonecznego i kąta azymutu słonecznego, są one wykorzystywane w modelu reflektancyjnym, który jest pokazany jako schemat na rysunku 3.7.

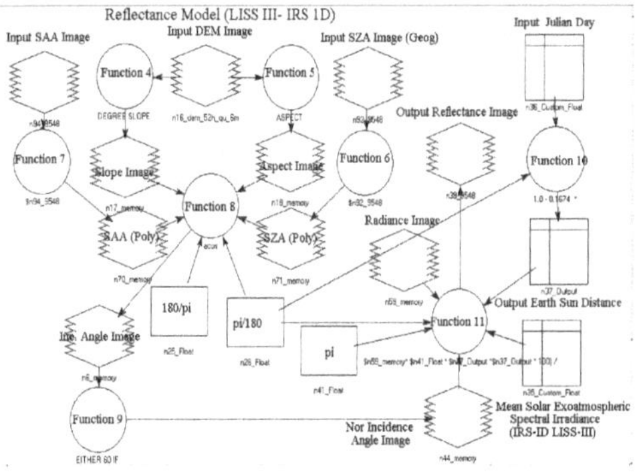

Rysunek 3.7: Model konwersji współczynnika odbicia dla DN

Wartości średniego widma promieniowania słonecznego egzoatmosferycznego dla czujników IRS 1C/1D-LISS-III i IRS P6/Resourcesat 1-AWiFS podano w tabeli 3.3.

Tabela 3.3: Wartości Esunλ dla czujników LISS III i AWiFS

Zespoły	Długość fali (µm)	Esunλ		
		IRS 1C-LISS-III	IRS 1D-LISS-III	IRS P6-AWiFS
B2 (Zielony)	0.52-0.59	185.111	185.216	185.328
B3 (Czerwony)	0.62-0.68	158.376	157.731	158.041
B4 (NIR)	0.77-0.86	110.251	109.666	108.356
B5 (SWIR)	1.55-1.70	24.040	24.062	23.785

3.1.2.4 PRZYGOTOWANIE obrazu NDSI

W regionie Himalajów, w okresie zimowym, techniki zautomatyzowane są trudne do zastosowania ze względu na cienie górskie i częste zachmurzenie. W celu przezwyciężenia tego problemu opracowano technikę opartą na znormalizowanym wskaźniku różnicy śniegu (NDSI). Obraz NDSI może być tworzony przy użyciu następującego równania (3.5) podanego jako:

$$\mathrm{NDSI} = \frac{(\text{Green reflectance} - \text{SWIR reflectance})}{(\text{Green reflectance} + \text{SWIR reflectance})} \qquad (3.5)$$

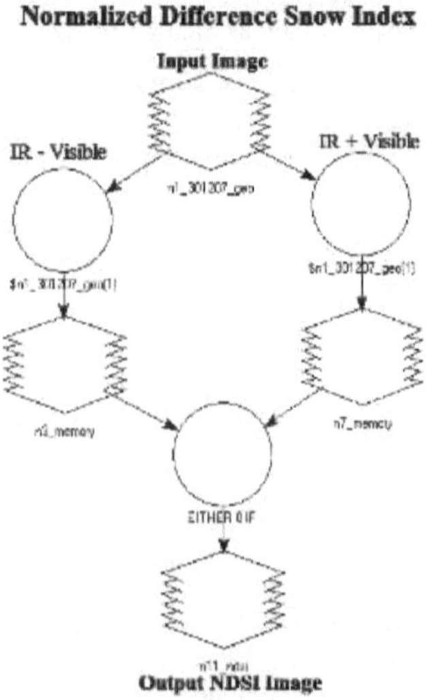

Rysunek 3.8: Model generowania mapy NDSI

3.1.2.5 Klasyfikacja obrazu LISS-III

W niniejszym badaniu klasyfikacja została przeprowadzona przy użyciu podejścia mieszanego lub hybrydowego. Najpierw, na podstawie wartości progowych NDSI, wygenerowano dwa obrazy, tj. obrazy pokrywy śnieżnej i obrazy bez pokrywy śnieżnej. Na podstawie poprzednich badań stwierdzono, że obszar pokryty i nie pokryty śniegiem może być odwzorowany lub oddzielony, jeśli wartość progowa NDSI wynosi 0,4 dla obrazu LISS-III. Ta wartość progowa została również potwierdzona na różnych obrazach obszaru badań poprzez interpretację wizualną. Następnie poprzez zastosowanie tego kryterium w module MODEL MAKER z ERDAS Imagine 9.2 wygenerowano dwa obrazy - pokrywy śnieżnej i bezśniegowej.

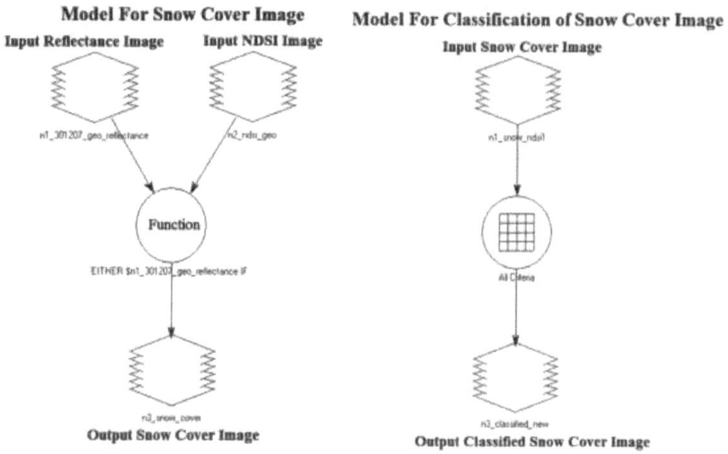

Rysunek 3.9: Modele klasyfikacji typów pokrywy śnieżnej

Dla pokrywy śnieżnej zastosowaliśmy w ERDAS Modeler operator warunkowy, że EITHER $n1_reflectance_Image IF ($n2_ndsi_image >=0,4) LUB 0 OTHERWISE. Dla klasyfikacji obrazów pokrywy śnieżnej na trzy rodzaje śniegu zastosowano progi współczynników odbicia światła w paśmie NIR. Wartości progowe zastosowane do klasyfikacji śniegu podane są w poniższej tabeli:

Tabela 3.4: Próg reflektancji dla różnych klas śniegu

Klasy śniegowe	**Próg reflektancji (%)**
Suchy śnieg	>=80
Wilgotny śnieg	>=60 i <80
Mokry śnieg	<60

Dla danych optycznych terenu górzystego, cień jest wielką przeszkodą w zdobywaniu informacji o powierzchni ziemi. Ponieważ w niniejszym opracowaniu główny nacisk kładziemy na klasyfikację pokrywy śnieżnej, podjęliśmy próbę klasyfikacji śniegu w cieniu. Śnieg jest bardzo dobrym odblaskiem w widocznym obszarze. Może on również dawać odbicie do 10% w części cienistej. Obserwacje terenowe i satelitarne sugerują, że wartości NDSI w obszarze cieni i nie-cieni są takie same. Jest to być może spowodowane odbiciem od promieniowania rozproszonego w obszarach cienia. Dlatego też, na podstawie pomiarów terenowych przeprowadzonych przez SASE, wartości progowe zostały przypisane do suchego i wilgotnego śniegu. Progi te wynoszą >=0,85 dla mokrego śniegu, >=0,75 i < 0,85 dla wilgotnego śniegu oraz >=0,40 i < 0,75 dla suchego śniegu. Następnie obraz bez pokrywy śnieżnej został podzielony na dwie klasy, tj. roślinność i jałową skałę, przy użyciu techniki klasyfikacji bez nadzoru (algorytm ISODATA). Najpierw klasyfikowany jest obraz pokrywy śnieżnej w 6 klasach, a następnie klasy te są łączone w dwie klasy poprzez wizualną interpretację i uwzględnienie wartości współczynnika odbicia w paśmie NIR. W technice klasyfikacji ISODATA maksymalna liczba iteracji jest ustawiona na 10 a granica konwergencji na 0,975. Wreszcie, te dwa sklasyfikowane obrazy są łączone w końcowy sklasyfikowany obraz posiadający pięć klas suchego śniegu, wilgotnego śniegu, mokrego śniegu, roślinności i jałowej skały. Połączenie tych obrazów odbywa się za pomocą modułu MODEL MAKER z ERDAS Imagine 9.2.

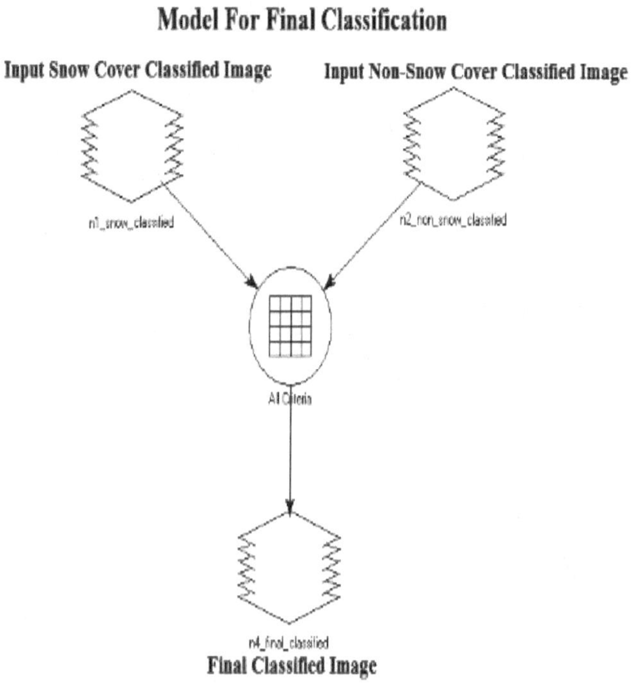

Rysunek 3.10: Model końcowej klasyfikacji obszaru badań

3.1.3 Wstępna obróbka obrazu AWiFS

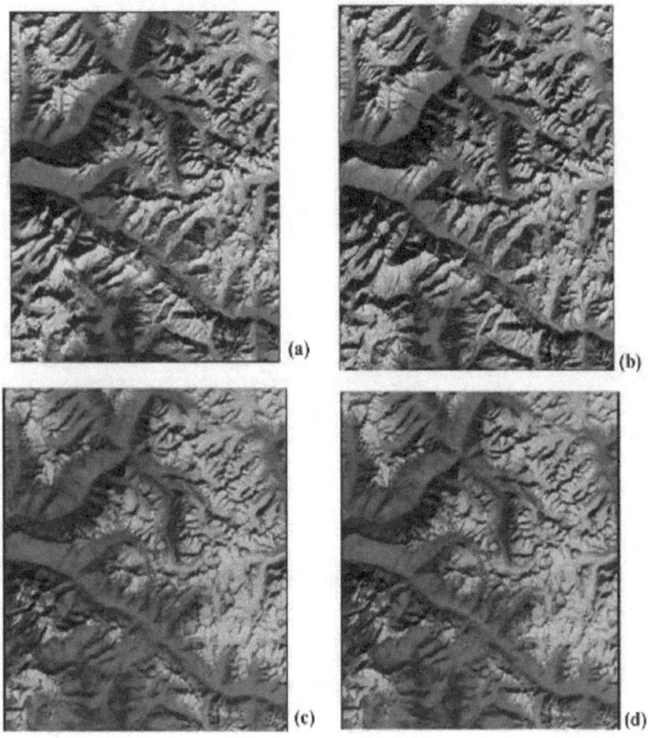

Rysunek 3.11: Obrazy AWiFS wybrane do niniejszego badania (odpowiednio a, b, c, d z dat 01/12/06, 30/12/07, 20/10/07 i 24/10/07)

Do przetwarzania obrazów AWiFS przyjęto tę samą metodę, co w przypadku obrazu LISS. Jednak dla obrazu AWiFS obliczono kilka dodatkowych parametrów, takich jak kąt padania, kąt oświetlenia. Oszacowano również współczynnik odbicia widmowego za pomocą dwóch innych metod, które stosują lokalne oświetlenie i lokalny kąt padania światła na badany obszar, aby sprawdzić, jak skutecznie mogą być one zastosowane na obrazie AWiFS. Spośród tych metod szacowania reflektancji wybrano najlepszą i dokładną metodę obrazowania wyjściowego. W metodzie tej wykorzystano kąt padania, nachylenie i aspekt.

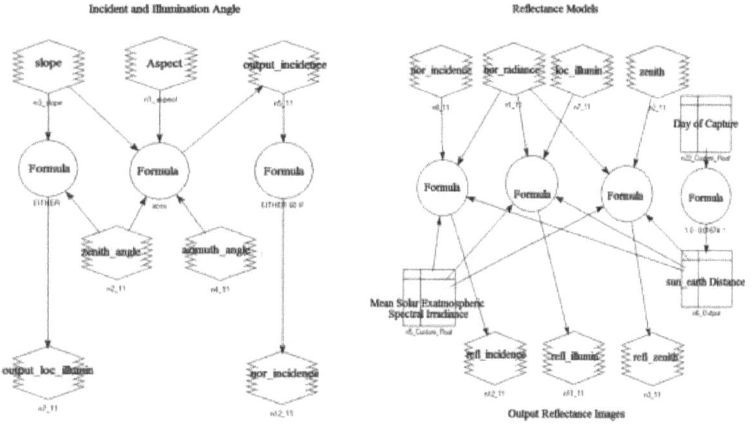

Rysunek 3.12: Modele lokalnego oświetlenia, kąta padania i współczynnika odbicia obrazu

3.2 mapowanie powierzchni pokrywy śnieżnej z wykorzystaniem danych SAR

Niniejsza sekcja zawiera omówienie metod wstępnego przetwarzania, które zostały wykorzystane do uzyskania wielkości fizycznych, takich jak współczynnik rozproszenia wstecznego ($\sigma°$) z pozyskanych zbiorów danych z teledetekcji SAR. Poniższa procedura została przyjęta w celu sporządzenia map pokrywy śnieżnej:

1. Przeliczanie DN na znormalizowany współczynnik rozpraszania wstecznego
2. Generowanie wieloobrazowych obrazów do usuwania nie nakładających się na siebie części obrazu
3. Redukcja plamek przy użyciu różnych technik
4. Przeróbka skośna na gruntową
5. Generacja orto rektyfikowanych obrazów współczynnika backscatter SAR oraz obrazów kąta padania w.r.t. współrzędne świata rzeczywistego
6. Korekta topograficzna dla pagórkowatego terenu
7. Generowanie lokalnego kąta padania dla korekcji topograficznej w obrazach współczynnika backscatter SAR.
8. Klasyfikacja i mapowanie pokrywy śnieżnej

Tabela 3.5: Lista obrazów ENVISAT-ASAR wybranych do tego badania

Orbita	Ścieżka	Beam	Przepustka	Polaryzacja	Tryb	Kąt padania	Data
29210	98	IS3	Ascending	HH,VV	Stripmapy	25.65°-31.20°	01.10.2007
29482	370	IS4	Ascending	HH,VV	Mapa paskowa	30.78°-36.13°	20.10.2007
29904	291	IS4	Schodząc	HH,VV	Mapa paskowa	30.84°-36.17°	19.11.2007
30448	334	IS2	Schodząc	HH,VV	Mapa paskowa	18.60°-26.18°	27.12.2007

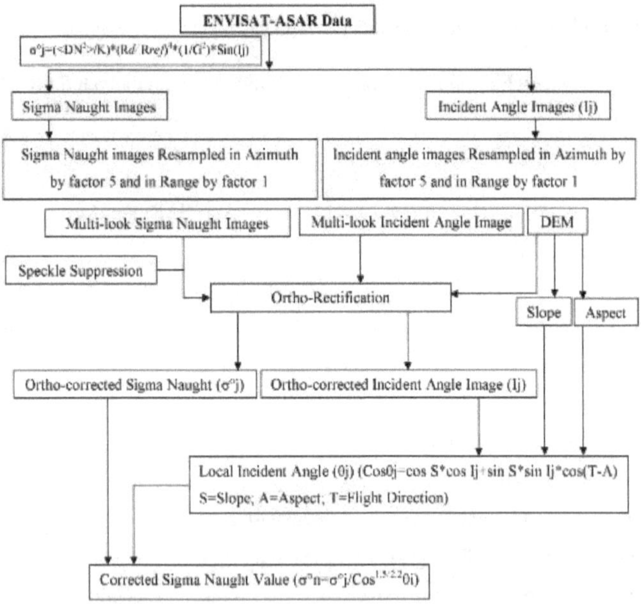

Rysunek 3.13: Schemat metodologiczny przetwarzania danych SAR

3.2.1 Wstępne przetwarzanie danych SAR

3.2.1.1 Wielofunkcyjność

Oryginalny obraz SAR zawiera nieodłączne odgłosy plamek. Aby zredukować te plamki, kilka obrazów jest niespójnie połączonych, tak jakby odpowiadały różnym wyglądom tej samej sceny. Przetwarzanie to jest powszechnie znane jako przetwarzanie wielostronicowe, które prowadzi do poprawy możliwości interpretacji obrazu. Procesor sygnałowy SAR może wykorzystywać pełną syntetyczną przysłonę i pełną historię danych sygnału w celu uzyskania najwyższej możliwej rozdzielczości, aczkolwiek bardzo plamistego, złożonego obrazu SAR o pojedynczym wyglądzie (SLC). Wielokrotne spojrzenie może być generowane przez uśrednianie komórek w zakresie i/lub rozdzielczości azymutalnej podczas procesu wielokrotnego spojrzenia. Liczba spojrzeń jest funkcją rozstawu pikseli w azymucie, rozstawu pikseli w zakresie skośnym oraz występowania w centrum sceny.

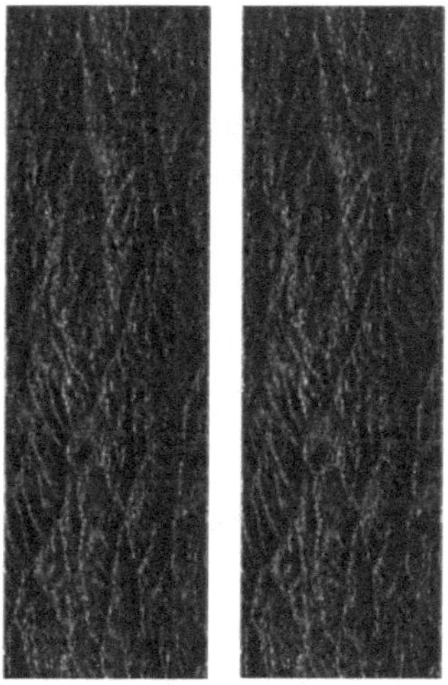

Rysunek 3.14: Obraz ENVISAT-ASAR (polaryzacja VV i HH) z dnia 20-10-2007 r.

3.2.1.2 Filtracja plamek

Speckle odnosi się do cech charakterystycznych dla hałasu wytwarzanego przez spójne systemy, takie jak systemy SAR i laserowe, które pogarszają jakość obrazu i utrudniają interpretację cech. Jest ona widoczna jako przypadkowa struktura elementów obrazu (pikseli) spowodowana przypadkowym, konstruktywnym i destrukcyjnym zakłóceniem fal elektromagnetycznych rozproszonych od powierzchni lub obiektów w każdej komórce rozdzielczości. Po oświetleniu przez SAR, każdy cel wnosi energię wsteczną, która wraz ze zmianami fazy i mocy jest następnie spójnie sumowana dla wszystkich rozproszonych, tzw. random-walk. Suma ta może być wysoka lub niska, w zależności od zakłóceń konstruktywnych lub destrukcyjnych. Redukcja szumów speckle'owych może być zastosowana poprzez filtrowanie przestrzenne lub przetwarzanie wielostrefowe. Rodzaje filtrów do redukcji plamek są następujące:

1. Filtry nieprzystosowane
2. Filtry adaptacyjne

3.2.1.3 Kalibracja danych dotyczących współczynnika SAR

Ta część kalibracji SAR opisuje proces jazdy bezwymiarowej, niezależnej od czujników wartości σ0 od danych SAR. Proces ten składa się z dwóch etapów. Pierwszym krokiem jest geokodowanie obserwacji SAR za pomocą DEM w trakcie przetwarzania, uzyskane obrazy były korygowane geometrycznie za pomocą DEM i parametrów orbitalnych w celu skorygowania zniekształceń rzeźby terenu, tworząc geokodowane produkty obrazu korekcji terenu (GTC). Wysoka jakość adnotacji czasowych ASAR i wektorów stanu ENVISAT-u umożliwiła automatyczne geokodowanie terenu. Drugim krokiem jest zastosowanie algorytmów zaprojektowanych dla produktu SAR w celu osiągnięcia normalizacji radiometrycznej, zwanej radiometryczną korektą terenu (RTC).

3.2.1.3.1 Teren Geokodowanie

Aby zrozumieć zniekształcenia geometryczne w obrazach SAR, konieczna jest wiedza na temat powstawania obrazów SAR/RADAR. RADAR jest z definicji urządzeniem dalekiego zasięgu, które wysyła sygnał radiowy w kierunku celu i odbiera z niego echo. Na podstawie informacji o czasie powrotu sygnału określa odległość/ zasięg do celu. Dla zdalnej detekcji RADAR ważne są dokładne pomiary nie tylko zasięgu, ale także ilości energii odbitej/odrzuconej z powrotem od dyskretnych i ciągłych celów. Uzyskane dane są zorganizowane w dwuwymiarową siatkę. Wymiar macierzy, który znajduje się na całym torze satelitarnym nazywany jest zasięgiem, a drugi wymiar, który znajduje się wzdłuż kierunku lotu nazywany jest azymutem.

W kierunku zasięgu pozycja celu jest proporcjonalna do jego odległości od czujnika. Sprawia to, że boczne obserwacje SAR w rejonach górskich lub o dużej rzeźbie terenu są silnie dotknięte zniekształceniami geometrycznymi w kierunku zasięgu w porównaniu z kierunkiem azymutu. Te wahania topograficzne, jak również zasięg i charakterystyka próbkowania systemu SAR wywołują efekty skracania przedniego, nakładania się, dylatacji i cieniowania. Zniekształcenia te oparte są na lokalnym kącie padania i wpływają również na radiometrię. Zniekształcenia te w rejonach górskich powodują nieliniową kompresję obrazowanych informacji o powierzchni.

Ta nieliniowa kompresja nie może być precyzyjnie skorygowana przy użyciu technik wielomianowych, jak w przypadku danych optycznych, które są zwykle pozyskiwane przy użyciu innej geometrii czujnika-celu i techniki obrazowania (Sarmap, 2007). Jedynym właściwym sposobem na geokodowanie danych SAR jest zastosowanie podejścia Range-Doppler.

Dostępne techniki/ algorytmy programowe, zaproponowane przez Loew i Mauser (2007), opierają się na zastosowaniu rygorystycznego podejścia Range-Doppler w geometrii skośnego zakresu. Algorytmy te, wykorzystując DEM i informacje o orbicie platformy czujnika, są w stanie skorygować/skompensować efekty skracania przedniego. Jednak obszary nakładania i cieniowania mogą być dokładnie obliczone, ale nie skorygowane, ponieważ obszary te nie mają informacji tematycznych. Do dokładniejszego geokodowania możemy wykorzystać plik z danymi orbitalnymi (ODR) dostarczany przez Dopplerowską Orbitografię i Radiopozycjonowanie Zintegrowane przez Satelitę (DORIS) na pokładzie satelity ENVISAT. Określa on orbitę satelity z dokładnością do 10 centymetrów (4 in).

Podejście Range-Doppler

Usuwanie zniekształceń geometrycznych wymaga wysokiej precyzji geokodowania informacji o obrazie. Korekcja geometryczna musi uwzględniać charakterystykę czujnika i procesora, a zatem musi opierać się na rygorystycznym podejściu "range-doppler". Dla każdego piksela muszą być spełnione dwa poniższe równania:

Range equation $R = S - P$ (3.6)

Doppler equation $$f_D = \frac{2f_0(v_p - v_s)R_s}{c\,|R_s|} \tag{3.7}$$

gdzie R_s = Zasięg skośny; S, P = pozycja statku kosmicznego i elementu backscatter; v_s, v_p = prędkość statku kosmicznego i elementu backscatter; f_0 = częstotliwość nośna; c = prędkość światła; f_D = przetworzona częstotliwość Dopplera

Za pomocą tych równań obliczana jest zależność pomiędzy czujnikiem, każdym pojedynczym elementem wstecznym i związanymi z nim prędkościami, a zatem uwzględnia się nie tylko geometrię oświetlenia, ale także charakterystykę procesora. Wyżej wymienione procedury geokodowania zostały opracowane wyłącznie dla produktów z zakresu skośnego. Konwersja obrazów zakresu gruntowego na zakres skośny nie jest możliwa, ponieważ te procedury konwersji nie zostały jeszcze zaprogramowane w żadnym dostępnym oprogramowaniu RS. W związku z tym, dostępne procedury konwersji w NEST SAR Toolbox zostały przetestowane do geokodowania danych ASAR za pomocą DEM. Przyjęta procedura została opisana w kolejnych punktach. Do oceny dokładności geokodowania DEM, pozyskanego obrazu SAR i przekształconego obrazu SAR afiniowego wykorzystano geokodowane toposheety. W tym celu na toposheecie zdigitalizowano wyróżniające się cechy liniowe, aby uzyskać wspólną cechę odniesienia. W pierwszym etapie geokodowany DEM firmy ASTER został oceniony poprzez nałożenie na siebie zdigitalizowanych cech. Rysunek pokazuje, że DEM jest w dobrej zgodzie z nałożonymi na siebie elementami. W związku z tym nie wymaga dalszej obróbki w zakresie rektyfikacji geometrycznej.

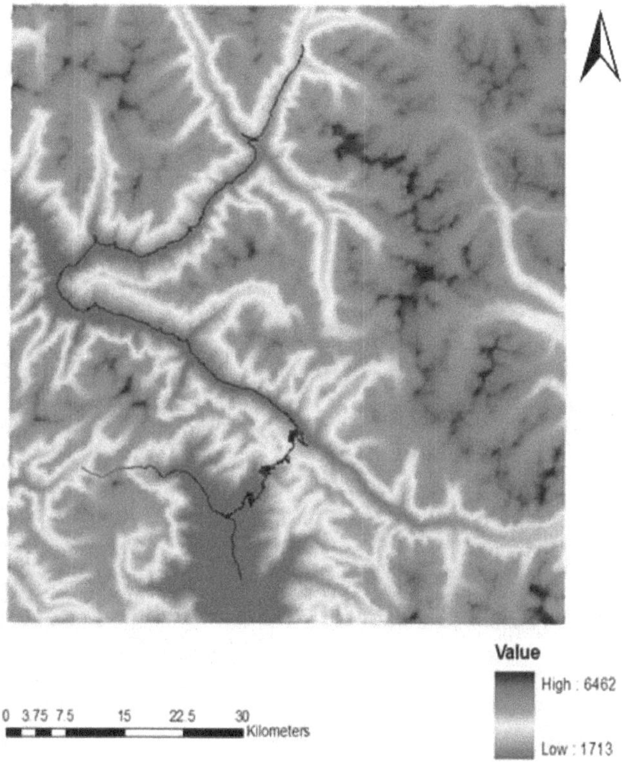

Rysunek 3.15: DEM nałożony na cyfrową cechę liniową (droga)

W drugim kroku, obraz SAR został geokodowany na podstawie informacji dostępnych w Metadanych. Rysunek przedstawia duże odchylenia między wynikowym geokodowanym obrazem SAR a nałożonymi na siebie cechami cyfrowymi. Odchylenia te pokazują, że informacje geokodowania w metadanych nie są dokładne i dlatego nie mogą być wykorzystane do dalszego przetwarzania.

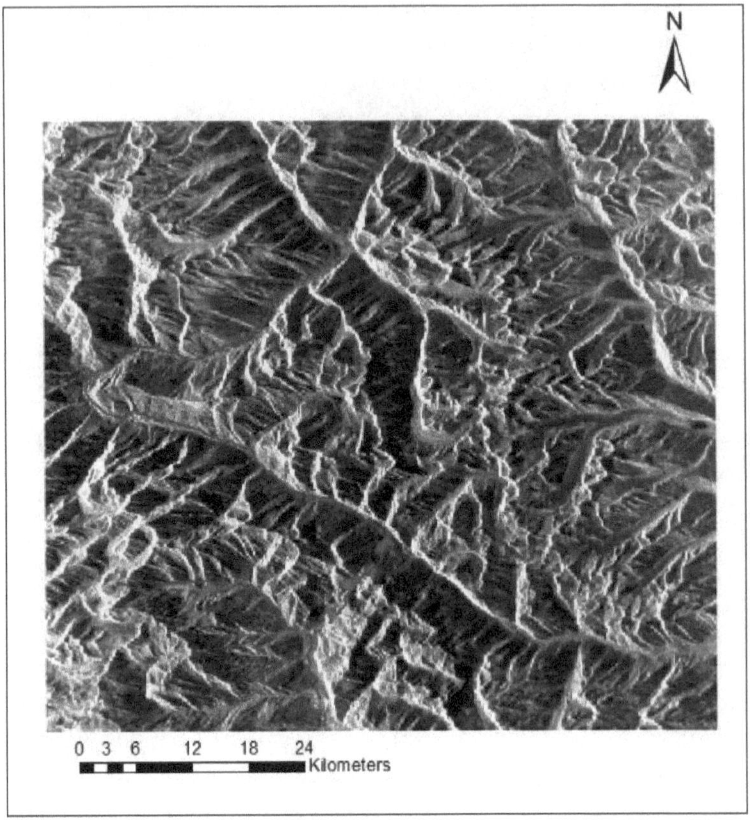

Rysunek 3.16: Niezeidentyfikowany obraz SAR nałożony na cyfrową cechę liniową

W trzecim kroku, transformacja afiniczna została przetestowana w oprogramowaniu do geokodowania obrazu SAR za pomocą DEM. Tutaj używamy ASTER DEM do korekcji zniekształceń geometrycznych w obrazie SAR. Obraz ten można również nazwać Geokodowanym obrazem terenu skorygowanym (GTC).

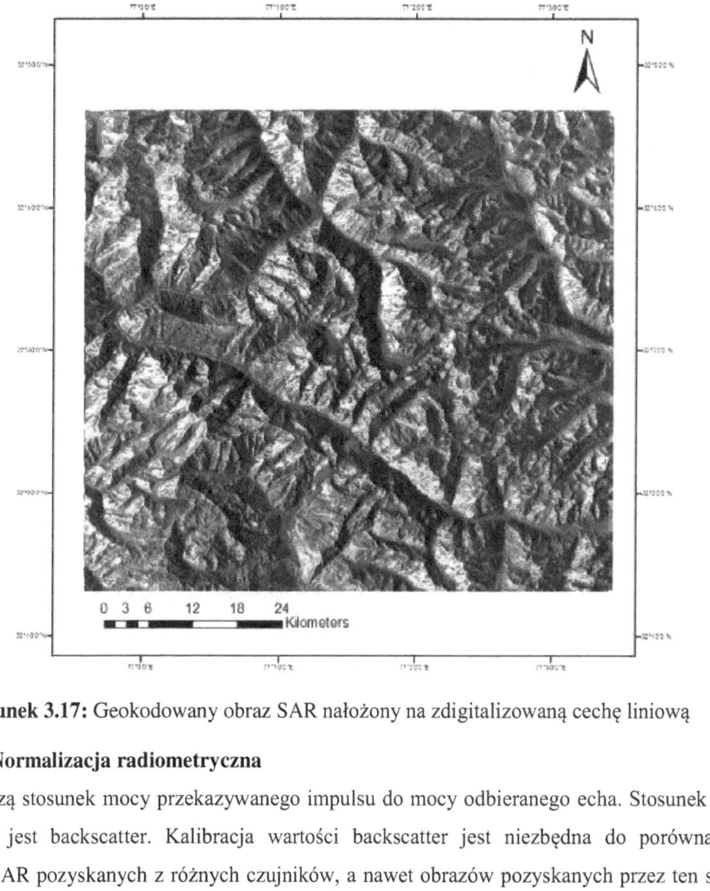

Rysunek 3.17: Geokodowany obraz SAR nałożony na zdigitalizowaną cechę liniową

3.2.1.3.2 Normalizacja radiometryczna

SAR mierzą stosunek mocy przekazywanego impulsu do mocy odbieranego echa. Stosunek ten nazywany jest backscatter. Kalibracja wartości backscatter jest niezbędna do porównania obrazów SAR pozyskanych z różnych czujników, a nawet obrazów pozyskanych przez ten sam czujnik, jeśli zostały pozyskane w różnych trybach lub przetworzone przez różne procesory. Radiometryczna kalibracja obrazów SAR, oparta na równaniu radarowym, obejmuje poprawki dla:

- **Obszar rozpraszania (A):** każdy piksel wyjściowy jest normalizowany dla rzeczywistego obszaru oświetlonego każdej komórki rozdzielczości, który może być inny z powodu zmieniającej się topografii i kąta padania.

- **Schemat wzmocnienia anteny (G2):** efekty zmienności wzmocnienia anteny (stosunek sygnału, wyrażony w dB, odbieranego lub nadawanego przez daną antenę w porównaniu z anteną izotropową) w zakresie są korygowane, z uwzględnieniem topografii (DEM) lub wysokości odniesienia.
- **Strata rozproszenia zasięgu (R3):** odebrana moc musi być skorygowana o zmianę zasięgu z bliskiego na daleki.

Dla radiometrycznej normalizacji danych ważne jest zbadanie tych parametrów zarówno systemu RADAR, jak i terenu, które mogą potencjalnie wpływać na radiometrię. W związku z tym warto przyjrzeć się równaniu RADAR (3.8) podanemu jako:

$$\overline{P_r} = \frac{\lambda^2}{(4\pi)^3} * \int_{\text{Area illuminated}} \frac{P_t G^2 \sigma^0}{R^4} dA \tag{3.8}$$

Gdzie $\overline{P_r}$ = Średnia odbierana moc; λ = długość fali radaru; P_t = Nadawany puls; G^2 = dwukierunkowy współczynnik wzmocnienia anteny; σ^0 = współczynnik rozpraszania wstecznego; R = skośny zakres; oraz A = obszar odpowiedzialny za rozpraszanie

W normalizacji radiometrycznej celem jest obliczenie σ0 dla każdego piksela. Oprócz Pr, Pt i R w równaniu, σ0 jest funkcją G2 i powierzchni oświetlonej, która z kolei zależy od nachylenia i wyglądu obrazowanej powierzchni. Jak wspomniano w specyfikacji produktu, dane te zostały już skorygowane o efekt wzmocnienia anteny (AGP) i straty rozproszenia zasięgu. Tak więc podane zestawy danych są pod względem jasności RADAR β0 przy użyciu równania podanego jako:

$$\beta^0 = \frac{(4\pi)^3 R^4}{G^2 \lambda^2} * \frac{\overline{P_r}}{P_t} = \frac{DN^2}{K} \tag{3.9}$$

gdzie, DN = liczba cyfrowa (amplitudy) i K = zewnętrzny współczynnik kalibracji produktu.

Aby zakończyć proces normalizacji, należy usunąć lub znormalizować tylko efekt obszaru rozpraszania w równaniu, ponieważ

$$\sigma^0 = \frac{\beta^0}{A} \tag{3.10}$$

Do oszacowania obszaru rozpraszania z DEM zastosowano różne podejścia w literaturze, jak wskazano w równaniach podanych jako:

Podejście fasetowe mające zastosowanie do produktów z gamy skośnej

$$A(r,a) = \sum_{[N,E] in DEM} A_{facet}(N,E) \tag{3.11}$$

Podejście do kąta natarcia dostępne w oprogramowaniu SARScape

$$A = \frac{P_r . P_a}{\sin \theta_{ir} . \cos \theta_{ia}} \tag{3.12}$$

Podejście kątowe incydentu, szerokie przybliżenie dla płaskiego terenu

$$A \backsim \frac{1}{\sin \theta_{ir}} \tag{3.13}$$

gdzie θ_{ir}, θ_{ia} = rozstaw pikseli w kierunku zasięgu i azymutu; współrzędne piksela w geometrii nachylenia; (N,E) = współrzędne w geometrii mapy; P_r oraz P_a = rozstaw pikseli w kierunku zasięgu i azymutu; (r, a) = współrzędne piksela w geometrii skośnego zakresu; (N,E) = współrzędne w geometrii mapy.

Dokładność wyprowadzonej wartości σ0 opiera się na dokładności oszacowania obszaru rozpraszania. Zależy ona po pierwsze od dostępnych informacji o topografii lokalnej i rozdzielczości geometrycznej DEM, a po drugie od procesu geokodowania, o którym mowa powyżej. Lokalny kąt padania jest obowiązkowy przy obliczaniu znormalizowanego współczynnika rozpraszania wstecznego, layoveru i cienia.

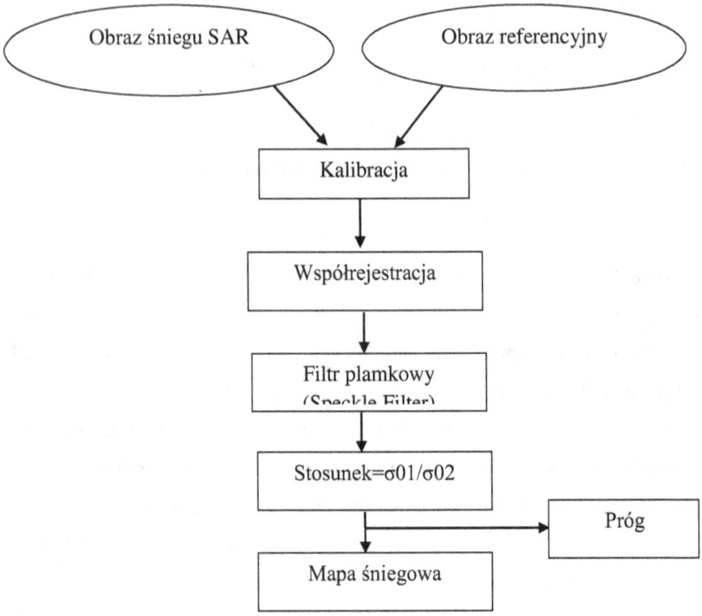

Rysunek 3.18: Schemat metodologiczny mapowania pokrywy śnieżnej z wykorzystaniem danych SAR

3.2.2 Mapowanie powierzchni pokrywy śnieżnej z wykorzystaniem danych ENVISAT-ASAR

Mikrofalowe zdalne wykrywanie z ENVISAT-ASAR jest bardzo użytecznym narzędziem do mapowania i monitorowania pokrywy śnieżnej ze względu na wszystkie możliwości pogodowe i lepszą rozdzielczość przestrzenną. Zasada mapowania pokrywy śnieżnej na mokro opiera się na zmniejszonym współczynniku rozpraszania wstecznego z powierzchni pokrywy śnieżnej w porównaniu do mapowania bez śniegu. Jednak suchy śnieg daje nieco większe rozpraszanie wsteczne niż powierzchnia mokrego śniegu. Do mapowania pokrywy śnieżnej na mokrym śniegu zastosowano algorytm Naglera (1996). W algorytmie tym przyjęto stosunek współczynnika backscatteringu okresu topnienia śniegu do obrazu referencyjnego (suchy śnieg/brak śniegu). Do wyznaczenia mokrego śniegu z innej powierzchni stosuje się odpowiednią wartość progową (-3dB) opartą na danych SAR (Nagler, 1996; Rao et. al. 2006).

Obraz ENVISAT-ASAR powinien być w dobrym stanie geometrycznym i radiometrycznym. Obrazy SAR są nieuchronnie uszkodzone przez szum plamek. Dlatego też analiza obrazu SAR redukuje szum plamek w celu poprawy ogólnej wizualnej strony obrazu. Jak powszechnie wiadomo, statystyczne filtry adaptacyjne, takie jak Lee, Frost, filtry mapy Gamma są skuteczne w uśrednianiu plamek (Gagnon i Jouan, 1997). Filtracja obrazów SAR znacznie poprawia segmentację i klasyfikację, ponieważ filtrowane obrazy są łatwiejsze do interpretacji i klasyfikacji. Dokładna i precyzyjna współrejestracja obu obrazów jest najważniejszym warunkiem wstępnym udanego odwzorowania powierzchni pokrywy śnieżnej.

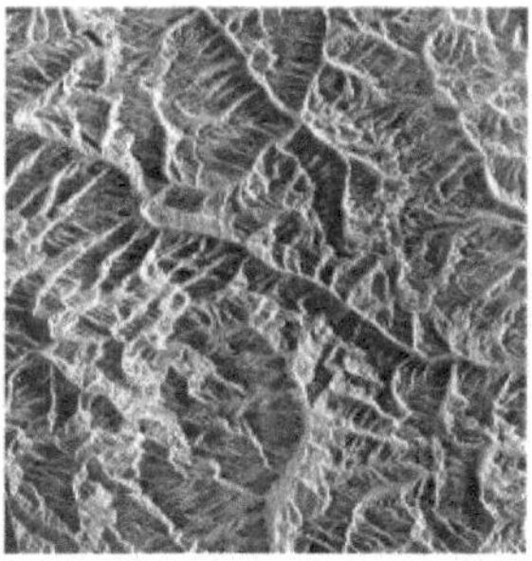

ENVISAT-ASAR image (date 20-10-2007)

Reference AWiFS image (date 20-10-2007)

W paśmie C (4-8 GHz) oraz w paśmie X (8-12,5 GHz) straty rozpraszania objętości w suchym śniegu są niewielkie, co tylko w niewielkim stopniu zmniejsza relatywnie wolne od śniegu podłoże. Nie zawsze możliwe jest wykrycie suchego śniegu za pomocą obrazu SAR (Mâtzler & Schanda, 1983). Głębokość penetracji mokrego śniegu jest rzędu kilku centymetrów. W przypadku powrotu radaru, w mokrym śniegu dominuje rozproszenie objętościowe kilku centymetrów, z pewnym udziałem rozpraszania z chropowatej powierzchni. Prowadzi to do niskich wartości $\sigma 0$ dla mokrego śniegu (Stiles & Ulaby, 1980).

Na stokach górskich różnica między σ° gruntu pokrytego suchym śniegiem a nieśniegiem jest bardzo mała. Z tego powodu nie można odróżnić obszarów pokrytych suchym śniegiem od obszarów wolnych od śniegu. Rozkładanie się pleców znacznie się zmniejsza, gdy śnieg staje się suchy. Dlatego też mokry śnieg może być wykrywany tylko za pomocą czasowych zmian σ° w porównaniu z suchym śniegiem lub warunkami bezśnieżnymi. Dane ASAR dla pasma C są bardziej czułe na wykrycie mokrego śniegu w porównaniu z innymi pasmami. Technika proporcji została zastosowana dla danych ENVISAT-ASAR. Wartości progowe -3dB i -2dB zostały zastosowane w celu rozróżnienia obszaru pokrytego śniegiem i obszaru bezśnieżnego/suchego śniegu. Zaobserwowano również, że doliny -2dB są bardziej optymalne do dyskryminacji obszaru pokrytego i nie pokrytego śniegiem przy użyciu danych ENVISAT-ASAR w badanym obszarze (Rao et. al. 2006).

3.3 MSDF: Dane optyczne i SAR

Obrazy optyczne i SAR są uzupełniającym się źródłem informacji. Oba mogą być łączone w celu wydobycia wszystkich użytecznych informacji z obrazów źródłowych bez wprowadzania artefaktów lub niespójności, które będą rozpraszać ludzkich obserwatorów. Do najpopularniejszych i najbardziej efektywnych metod fuzji obrazów należą: nasycenie intensywności (IHS), filtrowanie wysokoprzepustowe, analiza składników głównych (PCA), różne kombinacje arytmetyczne (np. transformacja Broveya), metody oparte na analizie wielorozdzielczości (np. algorytm piramidy, transformacja falowa) oraz sztuczne sieci neuronowe (ANN).

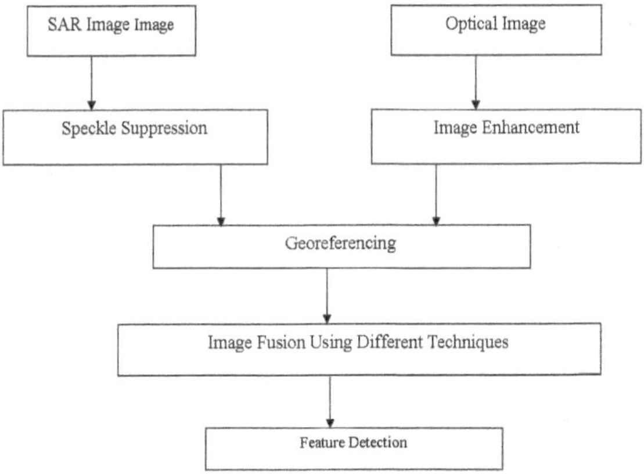

Rysunek 3.19: Schemat metodologiczny syntezy danych z wykorzystaniem wielu czujników

3.3.1 Strategia syntezy obrazu

W procesie fuzji obrazów niezbędna jest orto-rektyfikacja obrazów optycznych i SAR. Oba obrazy są rzutowane z przestrzeni sensora do przestrzeni obiektu. Zewnętrzny cyfrowy model elewacji (DEM) jest wykorzystywany do korekcji zniekształceń wprowadzanych przez teren. Dokładna i precyzyjna współrejestracja wielospektralnych danych optycznych z obrazem SAR w skali szarości jest najważniejszym warunkiem powodzenia fuzji obrazów. Rozmyte krawędzie w stopionych obrazach mogą być wprowadzone z powodu niewspółosiowości cech w tym samym miejscu (Liu, 2000). Wreszcie w obrazie SAR należy wziąć pod uwagę zarówno redukcję szumów, jak i obróbkę efektu plamki.

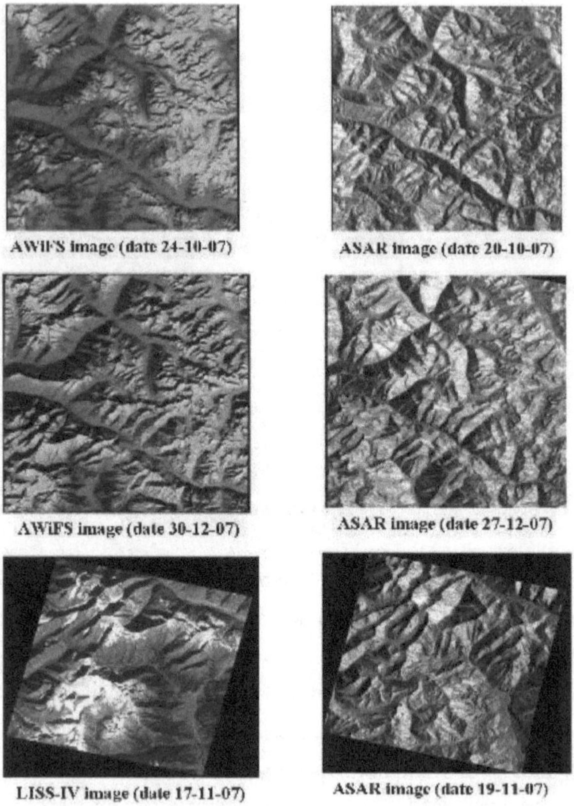

Rysunek 3.20: Obrazy satelitarne wybrane do syntezy danych z wykorzystaniem wielu czujników

3.3.2 Synteza danych w oparciu o metodę analizy głównych składników

Jest to technika statystyczna, która przekształca wzajemnie powiązane wielospektralne pasma w nowy zestaw nieskorelowanych komponentów, powszechnie znanych jako główne komponenty (PC) (Zhang, 2004). Pierwszy składnik główny (PC1) stanowi maksymalne odchylenie. Obraz o wyższej rozdzielczości lub w skali szarości zastępuje PC1, ponieważ zawiera on informacje wspólne dla wszystkich pasm, podczas gdy informacje spektralne są unikalne dla każdego pasma (Pohl i Van Genderen, 1998). Zakłada się, że obraz w skali szarości jest bardzo podobny do obrazu PC1 (Chavez i in., 1991). Wszystkie pasma wielospektralne są wykorzystywane jako dane wejściowe do analizy głównych składników. Skala szarości jest histogramem dopasowanym do pierwszego głównego składnika. Następnie PC1 zostaje zastąpiony przez obraz w rozciągniętej skali szarości. Następnie wykonywana jest odwrotna transformacja PCA w celu uzyskania wielospektralnego obrazu o wysokiej rozdzielczości.

3.3.3 Synteza danych w oparciu o metodę przekształcania Ehlera

Podstawową ideą tej metody jest modyfikacja wejściowego obrazu w skali szarości, aby wyglądał bardziej jak składnik natężenia (Ling i in., 2007). W pierwszym kroku, w celu manipulowania składowymi IHS, wybiera się trzy wielospektralne pasma RGB o niskiej rozdzielczości i przekształca je w domenę IHS. Następnie składowa natężenia i obraz w skali szarości są przekształcane w domenę spektralną za pomocą szybkiej dwuwymiarowej transformacji Fouriera (FFT). Filtry dolnoprzepustowe (LP) i górnoprzepustowe (HP) zostały zastosowane bezpośrednio w domenie częstotliwości odpowiednio na składowej natężenia i obrazie w skali szarości o wysokiej rozdzielczości. Ideą jest zastąpienie części składowej wysokoczęstotliwościowej składowej intensywności częścią składowej z obrazu w skali szarości (Ling i in., 2007). Aby przywrócić obie składowe z powrotem do domeny przestrzennej zastosowano odwrotną transformację FFT. Następnie dodano pasmo skali szarości z filtrem górnoprzepustowym i dolnoprzepustowym oraz dopasowano je do pierwotnego histogramu intensywności (Ehlers, 1991; Ehlers i in., 2008). Ostatecznie, odwrotna transformacja IHS przekształca stopiony obraz z powrotem w domenę kolorów RGB w celu uzyskania obrazu wielospektralnego o wysokiej rozdzielczości. Ehlers Fusion jest zintegrowany z oprogramowaniem ERDAS Imagine 9.1.

ROZDZIAŁ 4

WYNIKI I DYSKUSJA

4.1 Cel 1: Mapowanie powierzchni pokrywy śnieżnej z wykorzystaniem wieloczujnikowych zestawów danych optycznych

W pierwszym celu poszczególne zdjęcia zostały sklasyfikowane w pięciu podklasach, tj. jałowy/kamienny, roślinność, suchy śnieg, wilgotny i mokry śnieg. Ponieważ badanie to skupia się głównie na śniegu a, większą wagę przywiązywano do określenia różnych klas śniegu, a nie klas pokrycia terenu. Obszar pokryty śniegiem został podzielony na trzy różne rodzaje, tj. śnieg suchy, wilgotny i mokry. Trzy różne kategorie zostały wyróżnione za pomocą wartości współczynnika odbicia, tonu, tekstury, kolorów itp. Suchy śnieg ma wysokie wartości współczynnika odbicia i wydaje się prawie biały, podczas gdy wilgotny śnieg ma stosunkowo niższe wartości współczynnika odbicia i wydaje się być jasnoniebieski. Alternatywnie, mokry śnieg wygląda jak niebieski/ciemnoniebieski i ma bardzo niską wartość współczynnika odbicia. Mokry śnieg ma bardzo szorstką teksturę.

4.1.1 Korekty atmosferyczne i topograficzne

Niestety, podczas zbierania danych przez system czujników w kilku miejscach pojawiają się szumy (błędy). Błędy radiometryczne w danych teledetekcyjnych mogą być wprowadzane przez sam system czujników. Dla obrazów optycznych zastosowano różne techniki korekcji radiometrycznej, w tym odejmowanie ciemnych obiektów (DOS), które jest wykorzystywane do korekcji atmosfery eff ect.

4.1.2. 4.1.2. DEM generowany z konturów

Generowanie DEM odbywa się za pomocą modułu "SURFACING" w ERDAS Imagine 9.2 z konturów.

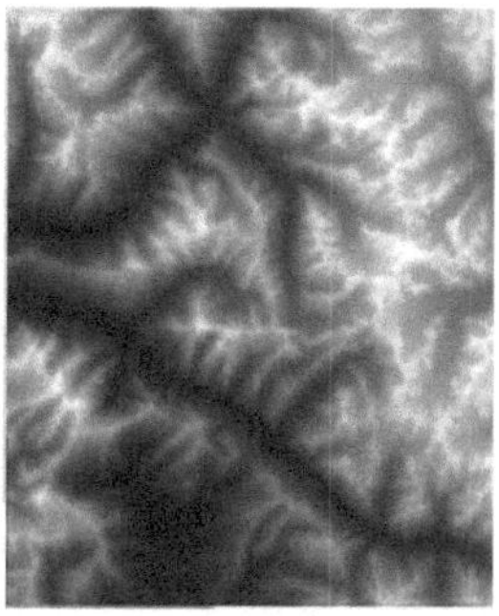

Rysunek 4.1: DEM generowany z konturów

4.1.3 Aspekt, nachylenie, zdjęcia SZA i SAA

Przy użyciu różnych modeli wygenerowano zdjęcia nachylenia, wyglądu, kąta zenitu słonecznego (SZA) i kąta azymutu słonecznego (SAA) obszaru badań na dzień 09-11-2006 r.

(a)

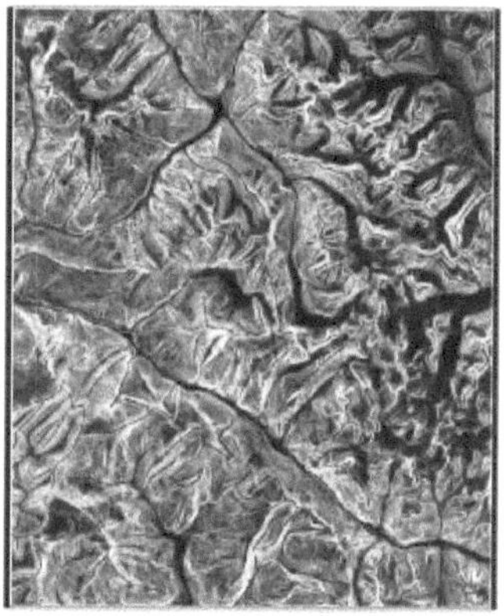
(b)

Rysunek 4.2: (a) Obraz perspektywiczny; (b) Obraz nachylenia z dnia 09-11-2006 r.

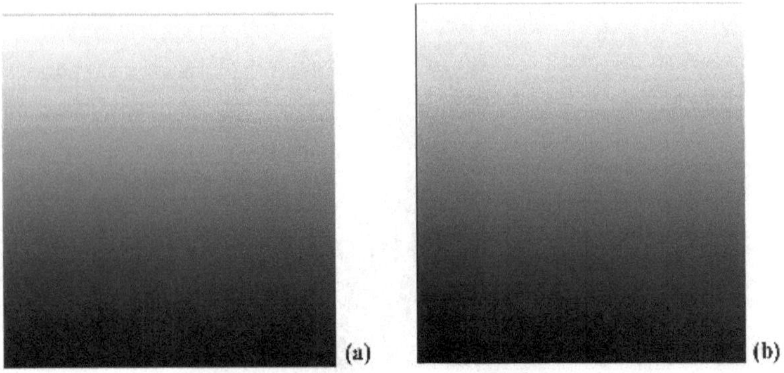

Rysunek 4.3: (a) obraz SZA; (b) obraz SAA z dnia 09-11-2006 r.

Do konwersji obrazu radiacyjnego na obraz odbiciowy, ważnymi parametrami wejściowymi są obrazy SZA i SAA. Te dwa obrazy zostały uzyskane przy użyciu odpowiednich modeli. Ostatecznie model został wykorzystany do konwersji DN na obraz odbiciowy w celu wygenerowania obrazu odbiciowego, który jest następnie wykorzystywany do klasyfikacji pokrywy śnieżnej w oparciu o pasmo NIR.

4.1.4 Mapy obszaru badań NDSI

Za pomocą odpowiedniego modelu zostały wygenerowane obrazy NDSI dla optycznych obrazów obszaru badań LISS-III.

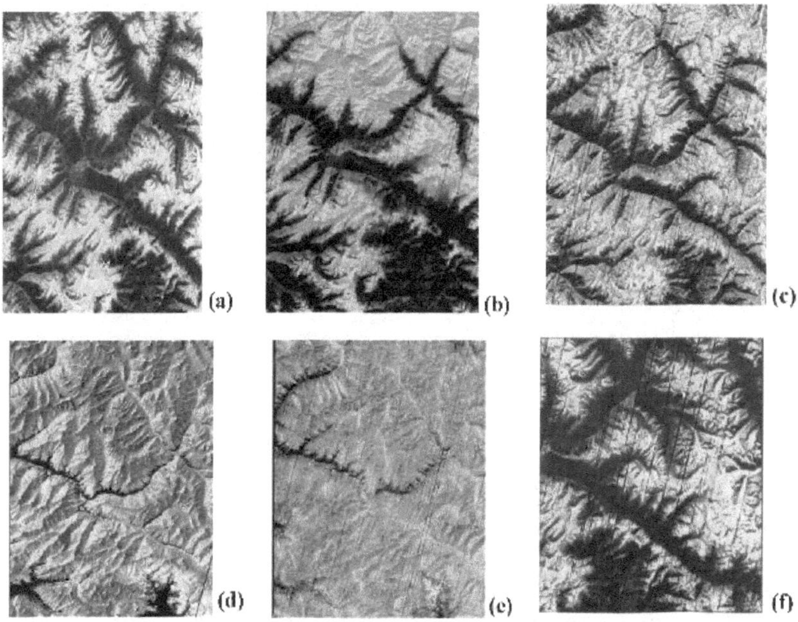

Rysunek 4.4: Mapy NDSI obszaru badanego z wykorzystaniem obrazów LISS-III a), b), c), d), e) i f) z dni 20/11/02, 15/12/02, 09/12/04, 26/12/04, 01/04/05 i 09/11/06 odpowiednio

4.1.5 Mapa obszaru pokrytego śniegiem z wykorzystaniem obrazu LISS-III

W niniejszym badaniu klasyfikacja została przeprowadzona przy użyciu podejścia mieszanego. W pierwszej kolejności, na podstawie wartości progowych NDSI, wygenerowano dwa obrazy - pokrywy śnieżnej i bezśnieżnej. Z poprzednich badań wynika, że dla obrazu LISS-III można odwzorować obszar pokryty i nie pokryty śniegiem za pomocą wartości progowej 0,4 NDSI. Wartość ta została sprawdzona dla różnych obrazów obszaru badanego poprzez interpretację wizualną. Następnie, stosując kryteria na tym samym obrazie poprzez "MODEL MAKER", generowane są dwa obrazy, tj. obraz pokrywy śnieżnej i obraz bez pokrywy śnieżnej.

Rysunek 4.5: (a) śnieg; (b) mapy pokrycia terenu bez śniegu z wykorzystaniem obrazu

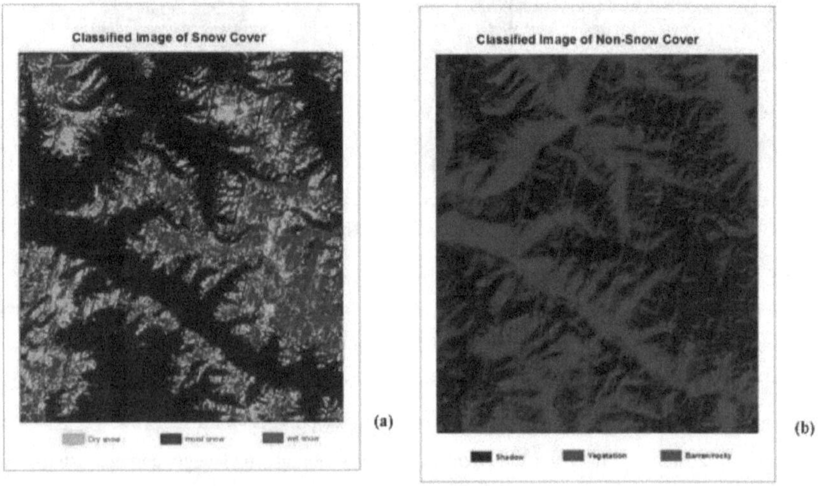

LISS-III z dnia 09-11-2006 r.

Rysunek 4.6: a) pokrywa śnieżna; b) mapy nieklasyfikowane jako pokrywa śnieżna z wykorzystaniem obrazu LISS-III

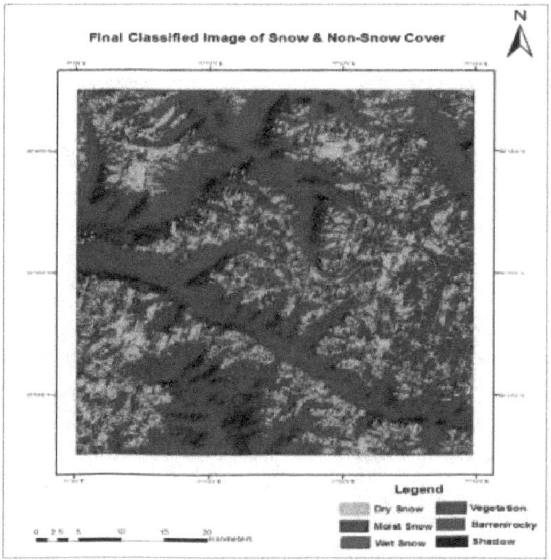

Rysunek 4.7: Ostateczna mapa klasyfikowana z wykorzystaniem obrazu LISS-III z dnia 09-11-2006 r.

4.1.6 Mapa obszaru pokrytego śniegiem z wykorzystaniem obrazu AWiFS

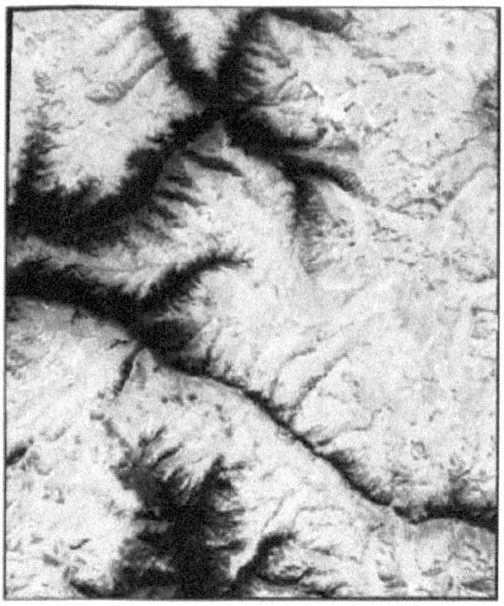

Rysunek 4.8: Mapa obszaru badań NDSI z wykorzystaniem obrazu AWiFS z dnia 01-12-2006 r.

(a) (b)

Rysunek 4.9: a) pokrywa śnieżna; b) mapy nieobsługowe z wykorzystaniem obrazu AWiFS z dnia 01-12-2006 r.

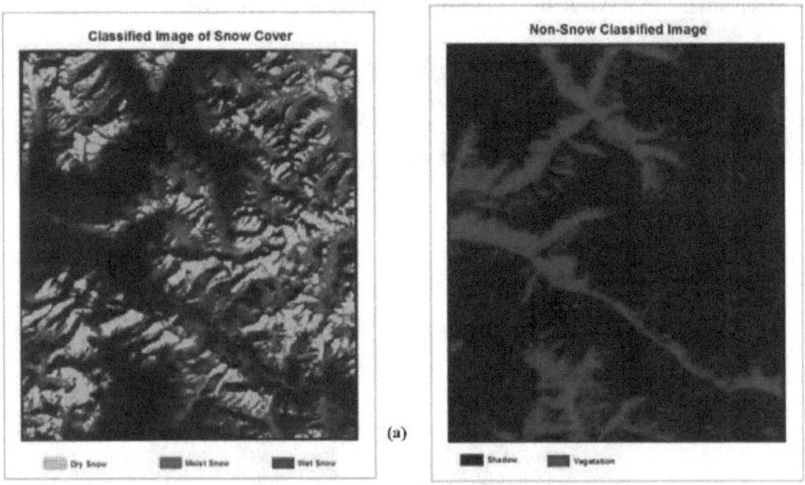

(a) (b)

Rys. 4.10: Sklasyfikowane mapy a) pokrywy śnieżnej; b) powierzchni nie pokrytej śniegiem

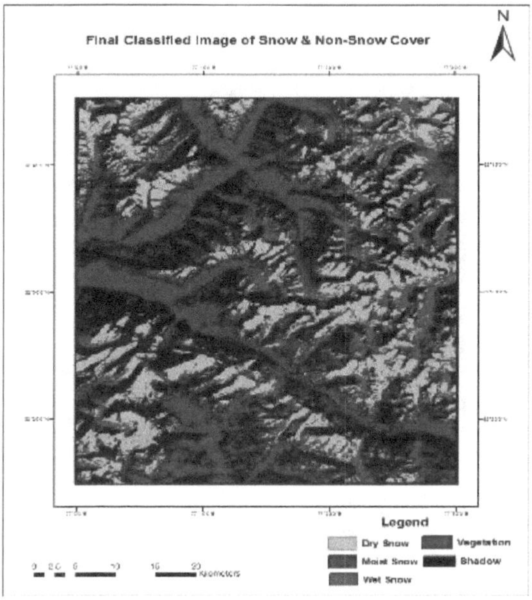

Rysunek 4.11. Ostateczna mapa klasyfikowana na podstawie obrazu AWiFS z dnia 01-12-2006 r.

4.1.7 Wyniki oceny dokładności

4.1.7.1 Dla obrazu LISS-III z dnia 09-11-2006 r.

SUMY TRAFNOŚCI

Klasa Nazwa	Referencyjna Ogółem	Zaklasyfikowana Ogółem	Numer Poprawna	Producenci dokładność	Użytkownicy Dokładność
Shadow	00	00	00	---	---
Roślinność	08	08	06	100,00%	94,12%
Barren/Rocky	34	34	32	94.12%	94.12%
Suchy śnieg	07	07	07	100,00%	100 ,00%
Wilgotny śnieg	19	19	17	94,44%	89,47%
Mokra śnieg	32	32	30	100.00%	77.78%
Ogółem	100	100	92		

Ogólna dokładność klasyfikacji (OCA) = 92,00%.

----- Koniec dokładności Suma całkowita -----

KAPPA (K^) STATYSTYKA

Ogólne statystyki Kappa = 0,9203

Warunkowe Kappa dla każdej kategorii.

Nazwa klasy	Kappa
Cień	0,0000
Roślinność	1.0000
Jałowy/skalisty	0,9109
Suchy śnieg	1.0000
Wilgotny śnieg	0,8716
Mokry śnieg	1.0000

----- Koniec Kappa Statistics -----

4.1.7.2 Dla obrazu AWIFS z dnia 01-12-2006 r.

SUMY TRAFNOŚCI

Klasa Nazwa	Referencja Ogółem	Liczby sklasyfikowane Ogółem	Prawidłowa	Producenci Dokładność	Użytkownicy Dokładność
Cień	1	1	1	100,00%	100.00%
Roślinność	8	8	8	100,00%	100.00%
Suchy śnieg	4	3	3	75,00%	100.00%
Wilgotny śnieg	8	9	9	87,50%	100.00%
Mokry śnieg	4	4	3	75,00%	75.00%
Ogółem	25	25	24		

Ogólna dokładność klasyfikacji (OCA) = 96,00%.

----- Koniec dokładności Suma całkowita -----

KAPPA (K^) STATYSTYKA

Ogólne statystyki Kappa = 0,9403

Warunkowe Kappa dla każdej kategorii

Nazwa klasy	Kappa
Cień	1.0000
Roślinność	1.0000
Suchy śnieg	1.0000

```
Wilgotny śnieg              0,8732
Mokry śnieg                 0,8024

----- Koniec Kappa Statistics -----
```

Na podstawie powyższych wyników widać wyraźnie, że mapy klasyfikacyjne wykorzystujące obraz AWiFS zapewniały lepszą ogólną dokładność klasyfikacji niż obraz LISS-III.

4.1.8 Obliczona powierzchnia pokryta śniegiem

Tabela 4.1: Statystyki powierzchni pokrywy śnieżnej (w ha) z wykorzystaniem optycznych zestawów danych

Obraz LISS-III (data 09-11-2006)		**Obraz AWiFS (data 01-12-2006)**	
Nazwa klasy	powierzchnia (w hektarach)	Nazwa klasy	powierzchnia (w hektarach)
Suchy śnieg	55059.5	Suchy śnieg	45769.4
Wilgotny śnieg	32045.1	Wilgotny śnieg	44193
Mokry śnieg	7122.98	Mokry śnieg	36155
Całkowita powierzchnia	**94227.58**	**Całkowita powierzchnia**	**126117.4**

Nasycenie czujnika występuje wtedy, gdy obserwowana powierzchnia odbija więcej energii niż maksymalna możliwa energia poziomu zarejestrowana przez czujnik. Może to powodować utratę szczegółowości wzoru śniegu i wpływać na oszacowania albedo. W odniesieniu do tabeli 2.1 możemy znaleźć maksymalne i minimalne promieniowanie dla czujnika LISS 3. Czasami jednak nasycenie może być wykorzystane do badań kartograficznych śniegu. W przypadku śniegu, dla czujnika LISS-III pasma zielone IRS-1C/1D, RED i SWIR są w pełni nasycone, a NIR najmniej nasycone. W naszych badaniach przyjęliśmy więc pasmo NIR jako główne pasmo do klasyfikacji śniegu. Rozdzielczość radiometryczna LISS-III wynosi 8 bitów. W przypadku czujnika AWiFS rozdzielczość radiometryczna wynosi 10 bitów, co pozwala na dokładniejsze rozróżnienie klas śniegu od innych cech. A poza tym wartość nasycenia dla czujnika AWiFS jest większa niż dla czujnika LISS 3, więc rejestruje więcej energii odbitej niż czujnik LISS-III. Na podstawie powyższej dyskusji doszliśmy do wniosku, że czujnik AWiFS jest bardziej użyteczny i informacyjny niż LISS-III. Dowodem na to mogą być również wyniki oceny dokładności map śniegowych czujników LISS-III i AWiFS.

4.2 Cel 2: Mapowanie obszarów pokrytych śniegiem z wykorzystaniem obrazu SAR

W badaniu tym wykorzystano dane ENVISAT-ASAR do mapowania powierzchni pokrywy śnieżnej. Jest to w pełni spójny system obrazowania i jest nieuchronnie uszkodzony przez szum plamek. Dlatego też szumy plamek muszą być usuwane w celu poprawy ogólnej wizualnej interpretacji obrazu. W ostatnich latach opracowano wiele technik mających na celu redukcję plamek w obrazach SAR. Jak powszechnie wiadomo, statystyczne filtry adaptacyjne, takie jak Lee, Frost, filtry mapy gamma są skuteczne w uśrednianiu plamek. Filtracja obrazów SAR znacznie poprawia segmentację i klasyfikację, ponieważ filtrowane obrazy są łatwiejsze do interpretacji i klasyfikacji. Podstawowe wymagania tych algorytmów filtrujących to: zapewnienie dużej redukcji szumu plamkowego w obszarach jednorodnych oraz zapobieganie rozmyciu krawędzi i szczegółów (rozdzielczości).

4.2.1 Wielopostaciowy obraz

Aby zredukować ten wrodzony, plamisty wygląd, kilka obrazów łączy się w sposób niespójny, jakby odpowiadały różnym wyglądom tej samej sceny. Obróbka ta jest ogólnie znana jako obróbka wielostronicowa. W rezultacie obraz wielostronicowy poprawia interpretację obrazu.

Rysunek 4.12: Obraz wielodostępny w azymucie przez współczynnik 5 i w zakresie przez współczynnik 1 z wykorzystaniem obrazu daty 20-10-2007 ENVISAT-ASAR.

4.2.2 Obrazy z filtrem speckle'owym

Filtry Frost i Lee nie są oparte na właściwościach statystycznych sceny bazowej. Filtr gamma jest oparty na właściwościach statystycznych. Filtr zakłada, że intensywność sceny bazowej jest rozkładem gamma. Filtry plamek minimalizują utratę informacji o teksturze lepiej niż filtry Frost i Lee w przypadku scen z podziałem gamma. Jest on odpowiedni dla szerokiej gamy scen gamma rozproszonych, takich jak obszary leśne, rolnicze i oceaniczne. Filtry adaptacyjne (Lee, Frost i Gamma) zachowują średnią wartość i dlatego są preferowane w przypadku obrazów SAR. Filtry adaptacyjne modyfikują obraz w oparciu o statystyki pozyskane z lokalnego środowiska każdego piksela. Większy rozmiar jądra (np. 11x11) powoduje znaczny wzrost efektu wygładzenia obrazu wynikowego. Tutaj porównano wyniki różnych filtrów na podstawie interpretacji wizualnej. Stwierdzono, że filtr gamma 7x7 dla mapy wielkości jądra daje dobre rezultaty wizualne.

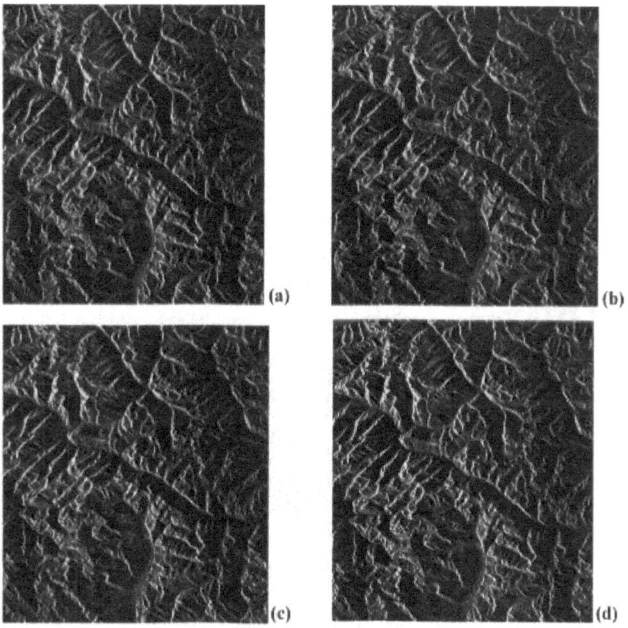

Rysunek 4.13: Obrazy pozbawione elementów dekoracyjnych przy użyciu (a) średniego filtra przy wielkości okna 5x5; (b) filtra przeciwmrozowego przy wielkości okna 5x5; (c) filtra gamma przy wielkości okna 5x5; (d) filtra gamma przy wielkości okna 7x7.

4.2.3 Kalibracja SAR

W tej części procesu kalibracji SAR dla wyprowadzania bezwymiarowych, niezależnych od czujnika σ0 danych SAR opisano w dwóch krokach. W pierwszym etapie wykonano geokodowanie obserwacji SAR za pomocą DEM w celu uzyskania geokodowanego terenu i skorygowanego produktu obrazowego (GTC). W drugim etapie zastosowano algorytmy przeznaczone dla produktu SAR w celu osiągnięcia normalizacji radiometrycznej. Procedura ta nazywana jest radiometryczną korektą terenu (RTC). Lokalny kąt padania jest obowiązkowy do obliczenia znormalizowanego współczynnika rozpraszania wstecznego oraz przygotowania layoveru i mapy cienia badanego obszaru.

4.2.3.1 Tryb rosnący Produkty pochodne obrazu ENVISAT-ASAR z dnia 20-10-2007 r.

Rysunek 4.14 Projektowana lokalna mapa kąta padania (Max: 114,30° i Min: 4,09°)

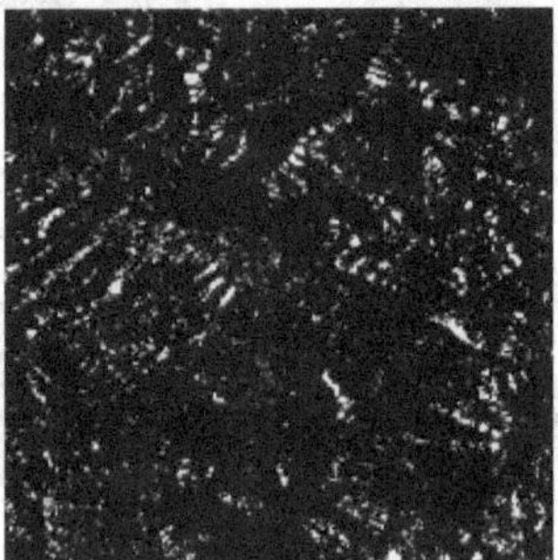

Rysunek 4.15: Layover i mapa cieni

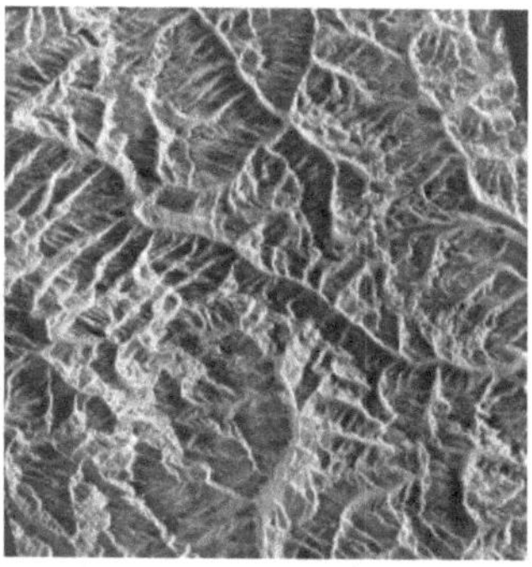

Rysunek 4.16: Znormalizowany współczynnik backscatteringu (σ0) obrazu

4.2.3.2 Tryb malejący Produkty pochodne obrazu ENVISAT-ASAR z dnia 27-12-2007 r.

Rysunek 4.17. Projektowana lokalna mapa kąta padania (Max: 107,82° i Min: 1,20°)

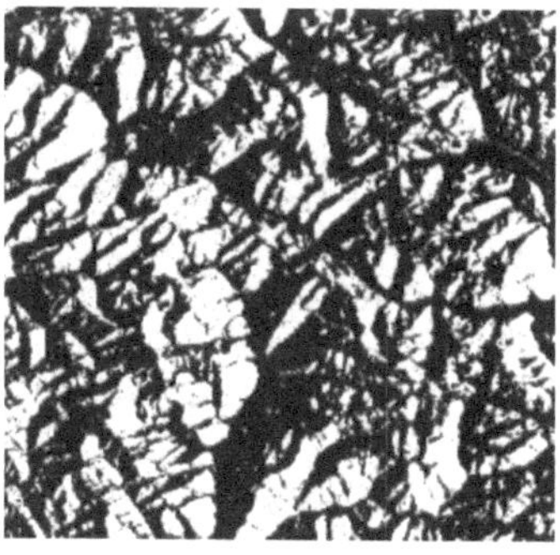

Rysunek 4.18: Layover i mapa cieni

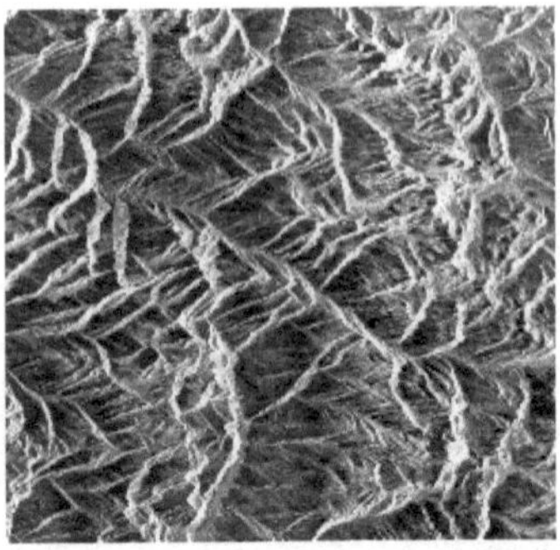

Rysunek 4.19: Znormalizowany współczynnik backscatteringu (σ0) obrazu

4.2.3.3 Tryb opadania Produkty obrazowe ENVISAT-ASAR z dnia 19-11-2007 r.

Rysunek 4.20: Projektowana lokalna mapa kąta padalności

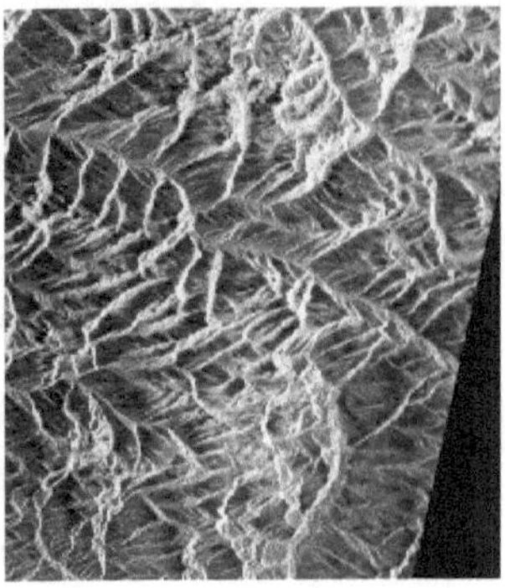

Rysunek 4.21: Znormalizowany współczynnik backscatteringu (σ0)

4.2.4 Mapa obszaru pokrytego śniegiem z wykorzystaniem obrazu ENVISAT-ASAR

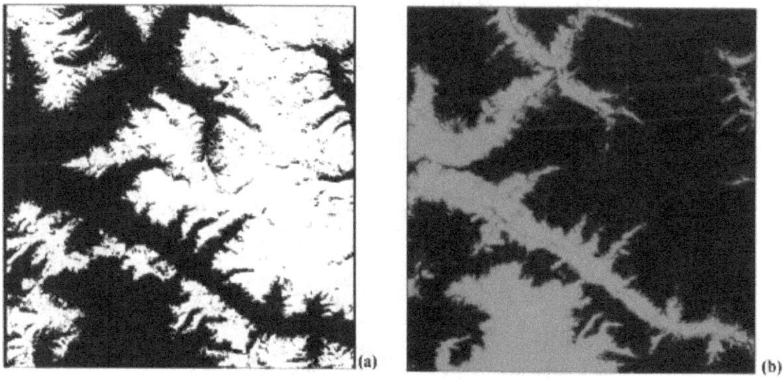

Rysunek 4.22: a) pokrywa śnieżna; b) mapy bezśnieżne z dnia 20-10-2007 r.

Jasne (białe) regiony na mapie pokazują obszary z mokrą pokrywą śnieżną i suchym śniegiem lub obszary wolne od śniegu, podczas gdy obszary ciemne (czarne) przedstawiają obszary nie pokryte śniegiem lub wolne od śniegu. Zastosowaliśmy te same techniki proporcji dla danych ENVISAT-ASAR. Wartości progowe -3dB i -2dB zostały zastosowane w celu rozróżnienia obszaru z pokrywą śnieżną i obszaru bezśnieżnego/suchego śniegu, podczas gdy -2dB jest bardziej optymalny w celu rozróżnienia obszaru z pokrywą śnieżną i obszaru bezśnieżnego przy użyciu danych ASAR na badanym obszarze (Rao et. al. 2006). W tym przypadku kolor cyjanowy oznacza obszar pokryty mokrym śniegiem, a niebieski obszar pokryty suchym lub wolnym od śniegu.

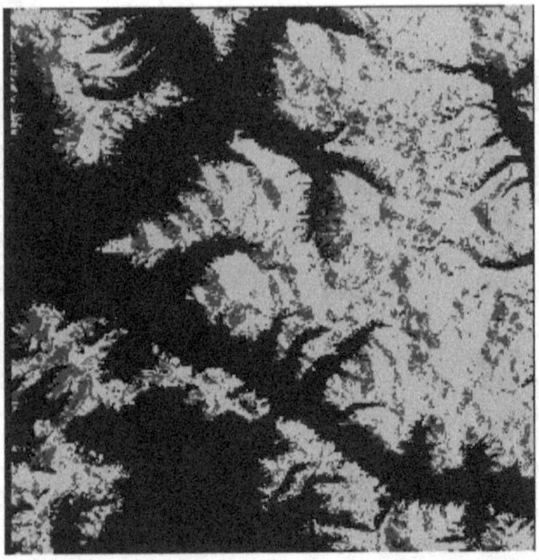

Rysunek 4.23: Mapa pokrywy śnieżnej z wykorzystaniem zdjęcia ENVISAT-ASAR z dnia 20-10-2007 r.

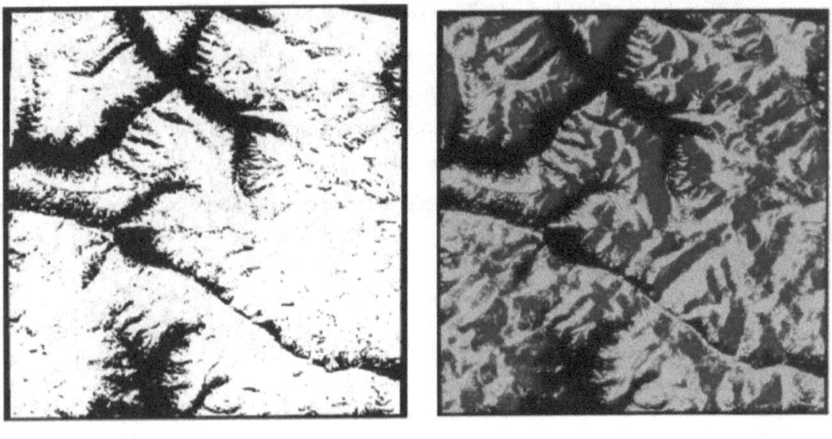

Rysunek 4.24: Mapa pokrywy śnieżnej z wykorzystaniem zdjęcia ENVISAT-ASAR z dnia 27-12-2007 r.

Rysunek 4.25: Mapa pokrywy śnieżnej z wykorzystaniem zdjęcia ENVISAT-ASAR z daty 19-11-2007

Obecny czujnik SAR jest w stanie wykryć tylko mokry śnieg, ponieważ w paśmie C suchy śnieg jest bardzo przezroczysty i dominuje wsteczne rozpraszanie śniegu od powierzchni poniżej warstwy śniegu, a także istnieje czynnik rozpraszania objętości. Na stokach górskich o nierównych nawierzchniach różnice między σ° gruntu pokrytego suchym śniegiem a obszarami wolnymi od śniegu są bardzo małe, co powoduje, że nie można odróżnić obszarów pokrytych suchym śniegiem od obszarów wolnych od śniegu. Zasada mapowania pokrywy śnieżnej na mokro opiera się na zmniejszonym współczynniku rozpraszania wstecznego z powierzchni pokrytej śniegiem w porównaniu do powierzchni bez śniegu. Jednak suchy śnieg daje nieco większe rozpryskiwanie się pleców niż powierzchnia mokrego śniegu. Dlatego też bez żadnego obrazu referencyjnego nie można wyodrębnić pokrywy śnieżnej.

W tym badaniu zdjęcia ASAR z 20 października 2007 r. i 27 grudnia 2007 r. zostały przetworzone na potrzeby mapowania obszarów pokrytych śniegiem na mokro. Jasne (białe) regiony na mapie pokazują obszary z mokrą pokrywą śnieżną, podczas gdy ciemne (czarne) przedstawiają obszary, które nie są pokryte śniegiem. Obraz z dnia 20 października 2007 r. za pomocą obrazu referencyjnego przedstawia mniejszy zakres pokrywy śnieżnej niż obraz z dnia 27 października 2007 r., który jest obrazem przedstawiającym szczyt sezonu zimowego. Obraz z dnia 27 grudnia 2007 r. przedstawia większy obszar pokryty suchym śniegiem niż obraz z dnia

20 października 2007 r., ponieważ w szczytowym okresie zimowym istnieje większe prawdopodobieństwo opadów świeżego śniegu niż w sezonie letnim. Zostało ono zatwierdzone za pomocą danych automatycznej stacji pogodowej (AWS) dostarczonych przez SASE.

4.3 Cel 3: Synteza danych optycznych i SAR

Do trzeciego celu syntezy danych wieloczujnikowych wykorzystano dwie metody analizy składowych głównych (PCA) i transformacji Ehlersa, aby połączyć informacje wielospektralne danych optycznych i informacje w skali szarości danych SAR. Wyniki tych metod porównano w oparciu o wizualną i statystyczną analizę wyników.

4.3.1 Wizualne porównanie obrazów stopionych

Kontrola wzrokowa została przeprowadzona przez badaczy za pomocą różnych kompozytów barwnych. Ustalono zestaw kryteriów i specyfikacji dotyczących wierności przestrzennej i widmowej obiektów o różnych kształtach i rozmiarach. Pozwala to na porównanie dowolnego zsyntetyzowanego obrazu z obrazem oryginalnym. Można je zobaczyć na podstawie wszystkich połączonych obrazów.

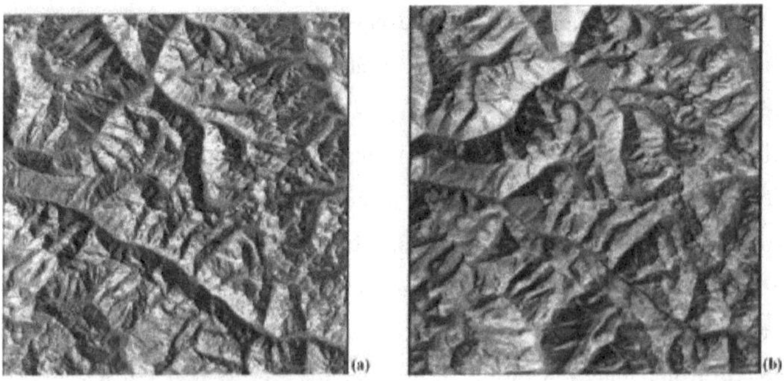

Rysunek 4.26: Fuzja oparta na PCA obrazów ENVISAT-ASAR (20-10-2007) i AWiFS (24-10-2007); oraz obrazów ENVISAT-ASAR (30-12-2007) i AWiFS (27-12-2007).

Rysunek 4.27: Fuzja obrazów ASAR (19-11-2007) i LISS-IV (17-11-2007) w oparciu o PCA.

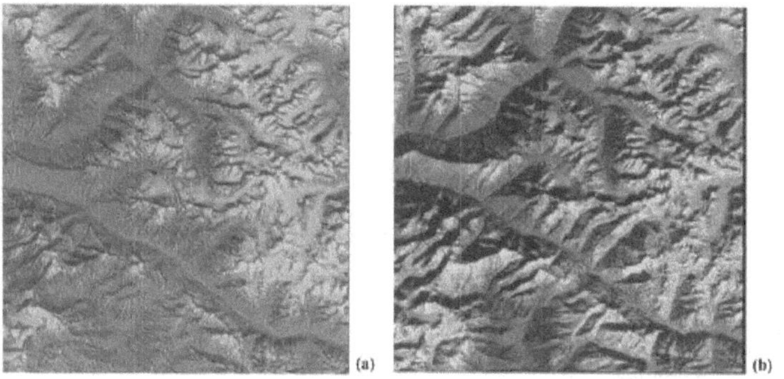

Rysunek 4.28: Fuzja na bazie ehlerów obrazów a) ASAR (20-10-07) i AWiFS (24-10-07); oraz b) ASAR (27-12-07) i AWiFS (30-12-07).

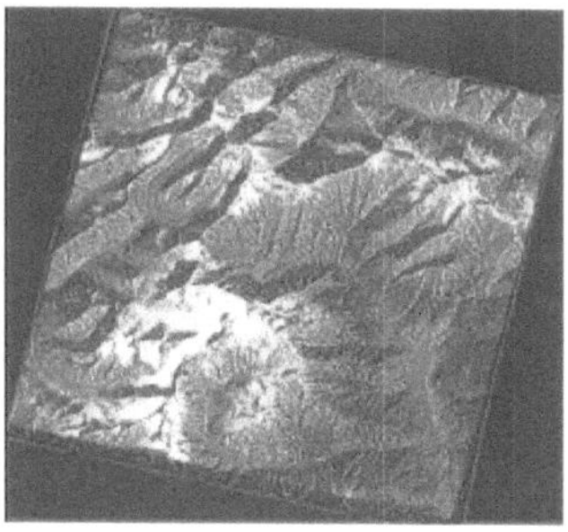

Rysunek 4.29: Połączenie obrazów ASAR (19-11-07) i LISS-IV (17-11-07) na bazie ehlerów

4.3.2 Porównanie statystyczne obrazów stopionych

W niniejszej pracy wykorzystano metodę oceny zaproponowaną przez **Walda i wsp. (1997)** do oceny właściwości syntezy obrazów stopionych. Obrazy stapiane są ponownie próbkowane do rozdzielczości oryginalnych obrazów wielospektralnych.

4.3.2.1. Błąd średni kwadratowy korzenia (RMSE)

$$\mathrm{RMSE} = \sqrt{\mathrm{bias}^2 + \sigma^2} \quad (4.1)$$

$$\sigma = S_{org} - S_{stopiony} \quad (4.2)$$

$$\mathrm{bias} = \bar{x}_{org} - \bar{x}_{fused} \quad (4.3)$$

gdzie s = odchylenie standardowe, org = obraz oryginalny, fused = obraz stopiony, x = średnia

Tabela 4.2: RMSE między obrazem oryginalnym a skondensowanym

RMSE	PCA	Ehlers
20-10-2007 i 22-10-2007 Obraz stopiony	133.09	356.31
27-10-2007 i 30-10-2007 Obraz stopiony	133.95	214.79
19-11-2007 i 17-11-2007 Obraz stopiony	90.20	58.97

4.3.2.2 Różnica w wariantach (DIV)

Różnica między wariancją pierwotną a szacowaną jest względna w stosunku do wariancji pierwotnej. Różnica ta wyraża ilość informacji dodanych lub utraconych podczas syntezy. Wartość dodatnia oznacza utratę informacji, a wartość ujemna pewną ilość informacji dodanych. Wartość idealna to zero. DIV można obliczyć za pomocą równania (4.4). Pasmo mądrej różnicy wariancji (DIV) w stosunku do wariancji rzeczywistej jest podane w poniższych tabelach.

$$\mathrm{DIV} = \frac{\delta^2_{MS} - \delta^2_{FMS}}{\delta^2_{MS}} \quad (4.4)$$

gdzie δ2MS jest różnicą oryginalnego obrazu wielospektralnego, a δ2FMS jest różnicą obrazu stopionego.

Tabela 4.3: DIV Dla ENVISAT-ASAR (20-10-2007) i AWiFS (24-10-2007) obraz stopiony

Metoda	Zespół 1	Zespół 2	Zespół 3	Zespół 4

PCA	0.6302	-1.7500	0.1509	-0.5375
Technika Ehlers	0.9998	0.9995	0.9998	0.9999

Tabela 4.4: DIV dla ENVISAT-ASAR (27-12-2007) i AWiFS (30-12-2007) obraz stopiony

Metoda	Zespół 1	Zespół 2	Zespół 3	Zespół 4
PCA	0.4389	0.683	0.3524	-1.2944
Technika Ehlers	0.9999	0.9997	0.9998	0.9999

Tabela 4.5: DIV dla ENVISAT-ASAR (19-11-07) i LISS-IV (17-11-07) - obraz stopiony

Metoda	Zespół 1	Zespół 2	Zespół 3
PCA	-34.77	-1990.733	-1.037
Technika Ehlers	-0.6086	-0.1722	0.5327

4.3.2.3 Współczynnik korelacji (CC)

Współczynnik korelacji mierzy bliskość lub podobieństwo w małych strukturach pomiędzy obrazem oryginalnym a stopionym. Może się on wahać od -1 do +1.Wartości bliskie +1 wskazują, że są one bardzo podobne, natomiast wartości bliskie -1 wskazują, że są one bardzo różne. Współczynnik korelacji można obliczyć za pomocą równania (4.5) podanego poniżej. CC pomiędzy obrazem oryginalnym a skondensowanym jest podane w tabelach.

$$CC = \frac{\sum_{i=1}^{N} \sum_{j=1}^{N} \left(MS_{i,j} - \overline{MS}\right)\left(F_{i,j} - \overline{F}\right)}{\sqrt{\sum_{i=}^{N} \sum_{j=1}^{N}\left(MS_{i,j} - \overline{MS}\right)^2 \sum_{i=1}^{N} \sum_{j=1}^{N} \left(F_{i,j} - F\right)^2}} \qquad (4.5)$$

gdzie CC to współczynnik korelacji, F to obraz stopiony, a i i j to piksele, MS to dane wielospektralne.

Tabela 4.6: CC dla ENVISAT-ASAR (20-10-07) i AWiFS (24-10-07) obraz stopiony

Metoda	Zespół 1	Zespół 2	Zespół 3	Zespół 4
PCA	-0.1089	-0.0280	0.4654	0.8612
Technika Ehlers	0.8641	0.8020	0.9383	0.8777

Tabela 4.7: CC dla obrazu stopionego ENVISAT-ASAR (27-12-07) i AWiFS (30-12-07)

Metoda	Zespół 1	Zespół 2	Zespół 3	Zespół 4
PCA	0.9981	-0.0280	0.4654	0.8612
Technika Ehlers	0.8641	0.3999	0.5694	0.9816

Tabela 4.8: CC dla obrazu stopionego ENVISAT-ASAR (19-11-07) i LISS-IV (17-11-07)

Metoda	Zespół 1	Zespół 2	Zespół 3
PCA	-0.2283	0.2444	0.6392
Technika Ehlers	0.1448	0.7148	0.9376

Kontrola wizualna wykazała, że obrazy Ehlers'ów stopione mają dobre detale przestrzenne i ostre krawędzie. Liniowe cechy, takie jak koryto rzeki i drogi, są wyraźnie widoczne w obrazie stopionym Ehlersa niż w oryginalnym obrazie wielospektralnym. Metoda PCA zapewnia lepszą jakość obrazów scalonych niż druga metoda. Zapewnia ona również kształtowanie krawędzi. Obrazy łączone ASAR i LISS 4 dają dobre detale przestrzenne, a w obrazie łączonym śnieg jest wyraźnie widoczny jako warstwa w różnych kombinacjach pasm. Pokazuje to ogólnie dobry wynik. Na podstawie porównania statystycznego metoda PCA daje mniej RMSE niż Ehlers dla obrazów stopionych (patrz Tabele).

Metoda PCA daje wyższy współczynnik korelacji pomiędzy zsyntetyzowanymi obrazami, a oryginalnym w pierwszym i czwartym pasmie pokazuje bardzo dobre podobieństwa między nimi. W ten sposób metoda PCA generuje mniej błędów w pasmach zielonym i NIR. Dla metody PCA ujemna różnica w wariancji pokazuje pewne informacje, które są bardzo przydatne w badaniach śniegu. Technika Ehlers pokazuje dobry współczynnik korelacji we wszystkich czterech pasmach, ale dodatnia różnica w wariancji dla wszystkich pasm pokazuje, że jest utrata niektórych informacji.

ROZDZIAŁ 5

WNIOSKI I PRZYSZŁY ZAKRES PRAC

5.1 Wnioski

Celem niniejszego badania była dyskryminacja śniegu/chmury oraz mapowanie różnych rodzajów śniegu za pomocą analizy danych z teledetekcji optycznej i mikrofalowej. Produkty danych z teledetekcji wykorzystywane w tym badaniu to IRS 1C/1D-LISS III i IRS-P6 / Resourcesat 1-AWiFS. Do wizualnej interpretacji różnych typów pokrycia terenu, zastosowano FCC z wykorzystaniem pasm widzialnych, NIR i SWIR. Jednak do wyznaczania różnych rodzajów pokrywy śnieżnej stosuje się tylko pasmo NIR ze względu na nasycenie pasma IRS LISS-III dla śniegu.

Dane AWiFS są analizowane pod kątem sezonowej pokrywy śnieżnej Manali i okolicznych obszarów pod kątem mapowania pokrywy śnieżnej. Zaobserwowano, że monitorowanie na dużą skalę przestrzennej i czasowej zmienności pokrywy śnieżnej może być bardzo przydatne do zrozumienia zmian wynikających z procesów fizycznych zachodzących w śniegu. Rozdzielczość radiometryczna czujnika AWiFS jest większa niż czujnika LISS 3, co jest bardzo przydatne do różnicowania podklas śniegu.

W niniejszym opracowaniu wykorzystano produkt SLC z danych ENVISAT-ASAR, a następnie przekształcono go w obraz wieloobrazowy. Mokry śnieg i świeży śnieg zostały wykryte za pomocą wieloczasowych obrazów ASAR z pomocą obrazu referencyjnego. Pasmo C ASAR jest bardziej czułe na wykrycie mokrego śniegu w porównaniu z innymi pasmami wykorzystywanymi w spektrum mikrofalowym. Konwencjonalny próg -3dB dla rozróżnienia mokrego i suchego śniegu lub obszaru wolnego od śniegu może się różnić w zależności od obrazu ze względu na charakterystykę terenu. W tym obszarze badań, ze względu na duże zróżnicowanie nachylenia i aspektów, wymagane są dokładne korekty radiometryczne i geometryczne terenu.

Analiza wizualna połączonych obrazów wskazuje, że wyniki uzyskane metodą PCA zachowują informacje spektralne i przestrzenne obiektów na oryginalnych obrazach lepiej niż wyniki uzyskane metodą Ehlersa. Porównanie statystyczne PCA z Ehlersem pokazuje, że obraz stapiany PCA ma najlepszą wierność spektralną. Jest to zatem najlepsza metoda fuzji obrazów w obu algorytmach. Wciąż jednak występują pewne zniekształcenia w kolorze i kształcie, a także może dojść do utraty niektórych informacji. Istnieje utrata jakości przestrzennej lub spektralnej stopionego obrazu.

5.2 Przyszły zakres prac

W przyszłości zostaną rozważone następujące tematy w celu dalszej poprawy mapowania powierzchni pokrywy śnieżnej i fuzji obrazów dla osiągnięcia większej dokładności w badaniach pokrywy śnieżnej

1. Biorąc pod uwagę zalety czujnika satelitarnego AWiFS, podobna technika pomoże w oszacowaniu sezonowej pokrywy śnieżnej i jej zmian dla całej strefy Himalajów. Ponieważ czujnik AWiFS jest w stanie pokryć większy obszar, a przy obecnym badaniu jest zrozumiałe, że klasyfikacja dla większego obszaru jest możliwa dzięki dokładnemu mapowaniu i monitorowaniu zmian pokrywy śnieżnej lub lodowca. Może to również dać nam obraz zmienności warunków klimatycznych badanego obszaru.
2. Opracowanie metody dla czujnika ASAR, który może wykrywać mokry i suchy śnieg lub obszary wolne od śniegu bez pomocy jakiegokolwiek obrazu referencyjnego.
3. Opracowanie kilku nowych metod fuzji danych w przyszłości. Wymagana jest również ocena wydajności innych metod syntezy danych. W niniejszym badaniu wybrano kilka wspólnych statystycznych kryteriów oceny. W przyszłych badaniach kompleksowa ocena wyników syntezy z wykorzystaniem większej liczby wskaźników statystycznych.
4. Opracowanie jednej metody oceny jakości przestrzennej i widmowej połączonych obrazów.

REFERENCJE

Bahuguna, IM.,Kulkarni AV, Nayak S, Rathore BP, Negi HS, Mathur P (2007) Wycieczka na lodowiec himalajski z wykorzystaniem danych stereo IRS 1C PAN. International Journal of Remote Sensing, 28(2): 437-442.

Chavez PS (1996) Korekty atmosferyczne oparte na obrazie - poprawione i zweryfikowane. Photogrammetric Engineering and Remote Sensing, 62(9):1025-1036.

Chavez, PS, Kwarteng AY (1989) Wydobycie kontrastu spektralnego w danych obrazu Landsat Thematic Mapper za pomocą selektywnej analizy składowych głównych. Photogrammetric Engineering and Remote Sensing, 55(3):339-348.

Cogley J, Kargel JS, Kaser G, Van DerVeen, CJ (2010) Tracking the source of glacier misinformation. Science, 329: 522.

Dirmhirn I i Eaton FD (1975) Some Characteristics of the Albedo of Snow. Journal of Applied Meteorology, 14: 375-379.

Dong J, Zhuang D, Huang Y, Fu J (2009) Postępy w dziedzinie wieloczujnikowej fuzji danych: algorytmy i aplikacje. Czujniki, 9:7771-7784.

Dozier J (1989) Widmowy podpis alpejskiej pokrywy śnieżnej od mapera tematycznego Landsat. Remote Sensing of Environment, 28:9-22.

Dozier J, Davis RE, Chang ATC, Brown K (1988) Widmowy dwukierunkowy reflektor śniegu. Obrady 4. Międzynarodowego Kolokwium na temat Widmowych Podpisów Obiektów w Teledetekcji, które odbyło się w Aussois, Francja, 18-22 stycznia (ESA SP-287, kwiecień 1988).

Dozier J, Schneider SR, McGinnis DF (1981) Effect of grain size and snowpack water equivalence on visible and near-infrared satellite observations of snow. Water Resources Research, 17:1213-1221.

Ehlers M (1991) Multisensor image fusion techniques in remote sensing. ISPRS Journal of Photogrammetry and Remote Sensing, 46 (1):19-30.

Ehlers M (2008) Multi-image fusion in remote sensing: spatial enhancement vs. spectral characteristics preservation. In: G. Bebis, et al., redaktorzy. Postępy w dziedzinie obliczeń wizualnych, część II, Springer Verlag, 75-84.

Foody GM (2003) Remote sensing of tropical forest environments: towards the monitoring of environmental resources for sustainable development, International Journal of Remote Sensing, 24(20):4035-4046.

Gagnon L i Jouan A (1997). Speckle Filtering of SAR Images - A Comparative Study between Complex-Wavelet-Based and Standard Filters. SPIE Proceedings #3169, konferencja na temat zastosowań falowych w przetwarzaniu sygnału i obrazu V, San Diego.

Hall TM., Haine TWN, Waugh DW (2002) Inferring the concentration of anthropogenic carbon in the ocean from tracers. Global Biogeochemical Cycles, 16(4):1131.

König M, Winther J G, Isaksson E (2001) Pomiar właściwości śniegu i lodu lodowcowego z satelity. Recenzje Geofizyki, 39(1):1-28.

Koskinen JT, Pulliainen JT, Hallikainen MT (1997) Wykorzystanie danych ERS-1 SAR w monitorowaniu topnienia śniegu. IEEE Transactions on Geoscience and Remote Sensing, 35(3):601-610.

Kulkarni AV (1986) Badanie terenowe spektralnego odbicia światła widzialnego i bliskiej podczerwieni oraz tłumienia promieniowania słonecznego przez śnieg. Praca magisterska, Wydział Geografii, Uniwersytet McGill, Montreal, Kanada.

Kulkarni AV i Dhanju MS (1987) Pomiary spektralnego promieniowania śniegu i lodu lodowca w Himalajach, Uwaga techniczna dla ISRO.

Kulkarni AV, Bahuguna IM, Rathore BP, Singh SK, Randhawa SS, Sood RK, Sunil D (2007) Glacial retreat in Himalaya using Indian remote sensing satellite data. Current Science, 92(1): 69-74.

Kulkarni AV, Mathur P, Rathore BP, Alex S, Thakur N, Kumar M, (2002) Effect of global warming on snow ablation pattern in the Himalayas. Current Science, 83:120-123.

Kulkarni AV, Rathore BP, Mahajan S, Mathur P (2005) Alarmujące odwrót lodowca Parbati, Basen Beas, Himachal Pradesh. Current Science 88:1844-1850.

Kulkarni AV, Singh SK, Mathur P, Mishra VD (2006) Algorytm monitorowania pokrywy śnieżnej przy użyciu danych AWiFS firmy RESOURCESAT dla regionu Himalajów. International Journal of Remote Sensing 27(12):2449-2457.

Lambin EF, Turner BL, Geist HJ, Agbola SB, Angelsen A, Bruce JW, Coomes O (2001) Przyczyny zmiany sposobu użytkowania i pokrycia terenu: wyjście poza mity. Globalne zmiany środowiskowe - wymiar ludzki i polityczny. Globalne zmiany środowiskowe, 11(4):261-269.

Ling Y, Ehlers M, Usery EL, Madden M (2007) Transformacja IHS wzmocniona FFT do utrwalania obrazów satelitarnych o wysokiej rozdzielczości. ISPRS Journal of Photogrammetry and Remote Sensing 61(6):381-392.

Liu J G (2000) Modulacja intensywności na bazie filtra wygładzającego: Spektralna technika scalania obrazów w celu poprawy szczegółów przestrzennych. International Journal of Remote Sensing, 21(18):3461-3472.

Loew A i Mauser W (2007) Generacja geometrycznie i radiometrycznie korygowanych produktów obrazowych SAR. Remote Sensing of Environment, 106(3):337-349.

Negi HS, Kulkarni AV, Semwal BS (2009) Oszacowanie rozkładu pokrywy śnieżnej w dorzeczu Beas, Indyjskich Himalajów z wykorzystaniem danych satelitarnych i pomiarów naziemnych. Journal of Earth System Science, 118(5):525-538.

Negi HS, Kulkarni AV, Semwal BS (2009) Badanie reflektancji śniegu obiektów zanieczyszczonych i mieszanych w indyjskich Himalajach za pomocą spektroradiometru. International Journal of Remote Sensing, 30(2):315-325.

O'Brien HW i Munis RH (1975) Czerwony i prawie podczerwony spektralny współczynnik odbicia śniegu. U.S. Army CRREL Research Report 332, 18 stron.

Pohl C i Van Genderen JL (1998) Multisensor image fusion in remote sensing: concepts, methods and applications. International Journal of Remote Sensing, 19(5):823-854.

Rango A & Martinec J (1982) Akumulacja śniegu wynikająca ze zmodyfikowanych krzywych zubożenia pokrywy śnieżnej. In: Aspekty hydrologiczne obszarów alpejskich i wysokogórskich (Proc. Sympozjum Exeter. Lipiec 1982, 83-90.

Rao YS, Venkataraman G, Singh G (2006) Analiza danych na potrzeby mapowania pokrywy śnieżnej w regionie Gangotri. Procedury SPIE 6410, Mikrofalowy system zdalnego wykrywania atmosfery i środowiska, 7:641007-641007.

Rau F, Braun M, Saurer H, Goßmann H, Kothe G, Weber F, Ebel M, Beppler D (2000) Monitoring wieloletniej dynamiki pokrywy śnieżnej na Półwyspie Antarktycznym za pomocą zdjęć SAR, Polarforschung, Bremerhaven, Instytut Badań Polarnych i Morskich im. Alfreda Wegenera i Niemieckie Towarzystwo Badań Polarnych, 67 (1-2):27-40.

Riyahi, R, Kleinna C, Fuchs H (2007) Porównanie różnych technik fuzji obrazów w celu identyfikacji poszczególnych koron drzew za pomocą obrazów Quickbird. [I] Międzynarodowa Konferencja na temat Analizy Obrazu Obiektowego. Uniwersytet w Salzburgu, Austria, 2007 r.

Roshani N, Valadan Zouj MJ, Rezaei Y, Nikfar M (2008) Snow mapping lodowca Alamchal z wykorzystaniem danych teledetekcji. The International Archives of the Photogrammetry, Remote Sensing and Spatial Information Sciences. 2008 Vol. XXXVII. Część B8. Pekin.

Rott H and Kunzi KF (1983) Remote sensing of snow cover with passive and active microwave sensors" Hydrological Applications of Remote Sensing and Remote Data Transmission (Proceedings of the Hamburg Symposium, August 1983), IAHS Publ. no. 145.

Schanda E, Mätzler C, Künzi K (1983) Czujnik mikrofalowy do zdalnego wykrywania pokrywy śnieżnej. International Journal of Remote Sensing, 4:149.

Sharma SS i Ganju A (2000) Złożoność prognoz lawinowych w Himalajach Zachodnich - przegląd. Cold Regions Science and Technology, 31(2):95-102.

Slater PN (1980) Teledetekcja: optyka i systemy optyczne. Czytanie, Massachusetts: Addison-Wesley Publishing Company.

Song C, Woodcock CE, Seto KC, Lenney MP, Macomber SA (2001) Klasyfikacja i wykrywanie zmian za pomocą danych Landsat TM: kiedy i jak korygować wpływy atmosferyczne? Remote Sensing of Environment, 75(2): 230-244.

Srinivasulu J i Kulkarni AV (2004) Oszacowanie spektralnego współczynnika odbicia śniegu z czujnika IRS-1D LISS-III nad terenem Himalajów. Postępowanie Indian Academy of Sciences - Earth & Planetary Sciences, 113(1): 117-128.

Stiles WH, Ulaby FT (1980) Aktywna i pasywna reakcja mikrofalowa na parametry śniegu: 1. Mokrość. Journal of Geophysical Research, 85(C2): 1037-1044.

Storvold R, Malnes E, Lauknes I (2005) Using ENVISAT ASAR wide swath data to retrieve snow covered area in mountainous regions. EARSeL eProceedings.

T. Nagler Methods and analysis of SAR data from ERS-1 and X-SAR for snow and glacier applications, Ph.D. disertation, Institute of Meteorology and Geophysics, University of Innsbruck, Innsbruck, Austria, Sep. 1996.

Teillet PM (1986) Korekcja obrazu dla efektów radiometrycznych w teledetekcji. International Journal of Remote Sensing, 7(12): 1637-1651.

Townshend JRG i Tucker CJ (1984) Obiektywna ocena danych AVHRR na potrzeby sporządzania map pokrycia terenu. International Journal of Remote Sensing, 5:492.

Tucker CJ (1979) Czerwone i fotograficzne kombinacje liniowe w podczerwieni do monitorowania roślinności," Teledetekcja środowiska, 8(2):127-150.

Turner II, Billie L (2002) Toward integrated land-change science advances in 1.5 decades of sustained international research. W: Challenges of a changing earth: proceedings of the global change open science conference, Amsterdam, NL, 10-13 lipca 2000 r., str. 269-272.

Ulaby FT, Moore RK i Fung AK (1981) Podstawy teledetekcji i radiometrii mikrofalowej. Odczyt, masa: Addison-Wesley, Tom 1

Valenti L, Small D, Meier E (2008) Monitorowanie pokrywy śnieżnej z wykorzystaniem danych Multitemporal ENVISAT/ASAR. Postępy 5. warsztatów EARSeL LISSIG (Land, Ice, Snow), Berno, Szwajcaria, 11-13 lutego 2008 r.

Venkataraman G, Singh G, Kumar V (2008) Monitoring obszaru pokrytego śniegiem z wykorzystaniem danych Multitemporal TerraSAR-X. 3rd TerraSAR-X Science Team Meeting, DLR, Niemcy, 2008.

Verburg PH, van de Steeg J, Veldkamp A, Willemen L (2009) From land cover change to land function dynamics: a major challenge to improve land characterization. Journal of Environmental Management.

Wald L, Ranchin T, Mangolini M. (1997) Fusion of satellite images of different spatial resolutions: assessing the quality of resulting images. Photogrammetric Engineering & Remote Sensing, 63:691-699.

Warren SG (1982) Właściwości optyczne śniegu. Recenzje Geofizyki, 20(1):67-89.

Wenbo W, Bu L, Ji Y (2008) Zastosowanie fuzji obrazów TM i SAR do monitoringu terenu na obszarach górnictwa węglowego. The International Archives of the Photogrammetry, Remote Sensing and Spatial Information Sciences, Beijing 2008, Vol. XXXVII. Część B7.

Wiscombe W, Warren SG (1980) Model dla widmowego albedo śniegu. I: czysty śnieg. Journal of the Atmospheric Sciences, 37(12):2712-2733.

Yonghua S, Xiaojuan L, Huili G, Wenji Z, Zhaoning G (2007) A Study on optical and SAR Data fusion for extracting flooded area. IEEE International Geosciences and Remote Sensing Symposium, Barcelona, Hiszpania, 23-28 lipca 2007 r.

Zhang Y (2004) Zrozumienie fuzji obrazów. Photogrammetric Engineering & Remote Sensing, 70(6):657-661.

FSC
www.fsc.org
MIX
Papier | Fördert
gute Waldnutzung
FSC® C083411

Kolibri 360 GmbH
Ferdinand-Jühlke-Straße 7
99095 Erfurt, Deutschland
produktsicherheit@kolibri360.de

Druck:
CPI Druckdienstleistungen GmbH
im Auftrag der
Kolibri 360 GmbH
Ferdinand-Jühlke-Str. 7
99095 Erfurt